普通高等教育"十一五"国家级规划教材

数字电路 EDA 设计

(第 三 版)

主 编　魏 欣　顾 斌　姜志鹏

本书受江苏高校品牌专业建设工程项目资助

(PPZY2015C242)

西安电子科技大学出版社

内 容 简 介

本书以提高高校学生的数字电子系统工程设计能力为宗旨，对 EDA 技术基本知识、可编程逻辑器件的原理、硬件描述语言及其编程方法和数字电路 EDA 设计方法作了系统介绍。本书的特点是语言精练，实例丰富，深入浅出，注重实用，适合广大高职院校学生的特点和教学改革方向。

全书共分 6 章，第 1 章为绪论，介绍 EDA 技术的基本知识；第 2 章以国内市场占有率最高的两类芯片，即 Altera 公司和 Xilinx 公司的典型芯片为例，介绍了 CPLD 与 FPGA 的基本原理；第 3 章介绍数字电路 EDA 开发工具，包含目前业界常用的工具软件 ModelSim 与 Quartus Ⅱ 的使用，以及二者联合使用的方法；第 4 章介绍了 VHDL 基本语法，并以具体实例解析 VHDL 的编程思想；第 5 章介绍基本数字电路的 EDA 实现方法，从语言编程、软件仿真、硬件验证三大步骤，对各类基本逻辑电路的 EDA 实现方法作了详细的阐述；第 6 章是典型数字系统设计，通过丰富实用的典型案例介绍多种数字系统的设计方法。

本书可作为高等职业院校电子类、通信类、电气类、计算机技术类等工科专业学生的数字逻辑电路、VHDL 程序设计、EDA 技术等相关课程的教材或相应实验课程的指导书，也可供从事数字电子系统设计的专业技术人员参考。

★本书配有电子教案，有需要者可登录出版社网站下载。

图书在版编目(CIP)数据

数字电路 EDA 设计/魏欣，顾斌，姜志鹏主编. —3 版.

—西安：西安电子科技大学出版社，2016.11(2018.4 重印)

普通高等教育"十一五"国家级规划教材

ISBN 978-7-5606-4250-5

Ⅰ. ①数… Ⅱ. ①魏… ②顾… ③姜… Ⅲ. ①数字电路—电路设计—计算机辅助设计

—高等学校—教材 Ⅳ. ①TN79

中国版本图书馆 CIP 数据核字(2016)第 248389 号

策　　划　马乐惠

责任编辑　张晓燕　马乐惠

出版发行　西安电子科技大学出版社(西安市太白南路 2 号)

电　　话　(029)88242885　88201467　　　邮　　编　710071

网　　址　www.xduph.com　　　　　　电子邮箱　xdupfxb001@163.com

经　　销　新华书店

印刷单位　陕西天意印务有限责任公司

版　　次　2016 年 11 月第 3 版　2018 年 4 月第 11 次印刷

开　　本　787 毫米×1092 毫米　1/16　印张 14

字　　数　325 千字

印　　数　41 001～44 000 册

定　　价　28.00 元

ISBN 978 – 7 – 5606 – 4250 – 5 / TN

XDUP 4542003-11

序

  EDA 技术代表了当今电子系统设计技术的最新发展方向，其自顶而下、从整体到局部的设计理念与设计平台的构建，为电子技术设计人员提供了更加方便、更加快捷的电子系统设计方法。随着高性能的 CPLD/FPGA 芯片不断问世，高性能的 EDA 软件工具乃至芯片制造商的开发平台也在不断升级换代，采用 EDA 技术设计电子系统已成为目前电子系统设计的主流技术。可以说，当今从事电子技术应用设计的技术人员，如果不熟悉并掌握 EDA 技术，是很难找到合适的职业岗位的。以就业为导向的高等职业教育，其电子类相关专业，无不将 EDA 技术作为专业核心课程。

  我国高职教育，尚未构建得到普遍认可的数字电路 EDA 技术课程标准，因此也就没有诞生在课程标准框架下具有通适性的 EDA 技术高职教材。由顾斌老师主编的这部教材使我耳目一新。该书 2002 年初版至今，已为多所高校选用。此次再版，编者集 8 年来的教学实践并借鉴其他高职院校课程改革的有益经验，使教材在整体结构、内容选取、实践教学的安排等方面都更为合理并达到更高的层次。可以看出，编者在如何将 EDA 的系统理论知识、相关技术、技能、方法与技巧等传输给学生方面，将长期的卓有成效的课程改革成果融入到这部教材之中，使教材具有更强的实用性与适用性。

  我相信，这部教材一定会为更多的教师、学生乃至电子技术工作者所选用。

  是为序。

刘守义

于深圳职业技术学院

2010.8.31

前 言

IT 产业飞速发展的今天，电子技术逐步跨入了"数字时代"，以可编程逻辑器件和硬件描述语言为载体的数字电路 EDA 技术已成为数字电子技术的重要发展方向。产业的发展带动了人才的培养，肩负电子信息产业高级技能型人才培养任务的高等职业院校更是适时而动，逐步提高了数字电路等相关课程的地位，大力开展相关课程的建设、优化。因此，编写一本与时俱进、适合高等职业院校电子信息类专业通用的数字电路 EDA 技术教材，不仅是教学的需要，而且是产业的需要。

数字电子系统的 EDA 技术发展迅猛，主要表现在 CPLD/FPGA 芯片的性价比不断提高，各种功能强大的 EDA 软件工具也层出不穷，ModelSim 等专用 EDA 工具在业界的应用日益广泛，著名芯片制造商的开发平台也有了很大的完善，Altera 公司昔日的 MAXPLUS Ⅱ 已被 Quartus Ⅱ 所取代，Xilinx ISE Design Suite 面向 Virtex-6 和 Spantan-6 FPGA 系列，进一步提高了设计生产力和系统性能。因此，本次修订增加了有关 ISE Design Suite 的内容，以体现时代特色。另外，对配套的实验电路实行成本最小化，因为如今高校内笔记本电脑的普及率越来越高，小成本的实验电路对于帮助学生课后自学无疑是极为有利的，这样，学生就真正实现了在一台电脑、一根下载线和一块小型电路板的简单条件下，在教室、图书馆或宿舍等场所，均能进行数字电路 EDA 技术的学习、设计、仿真和实验。

本书由魏欣、顾斌、姜志鹏主编。在本书的编写过程中，深圳职业技术学院刘守义教授对本书提出了许多宝贵的意见。在教材提纲编写过程中，江苏省教学名师南京信息职业技术学院华永平教授在高职教学理念上给予作者极大的启发。深圳职业技术学院韩秀清副教授在百忙之中审读了全稿，指出了初稿中的许多问题，帮助我们改进。上述专家均为本书的出版作出了重要贡献，在此表示衷心的感谢。

由于编者水平所限，本书谬误及不足在所难免，恳请广大专家和读者批评指正。

编 者

于南京信息职业技术学院

2016.4.31

读者若需下载免费的教学资料，如课件、大纲、授课计划和教案等，或需了解本书配套的实训电路板等有关信息，请登录：www.edabook.cn。

目　录

第1章 绪 论

【**本章提要**】 本章介绍了数字电路 EDA(Electronic Design Automation，电子设计自动化)技术的基本概念、应用领域与设计步骤，简要介绍了常用的 HDL(High-speed-integrated-circuit hardware Description Language，高速集成电路硬件描述语言)和常用 EDA 开发工具及其特点，最后介绍了 EDA 中 IP 核技术的发展。主要内容如下：

- EDA 技术概述；
- EDA 应用领域；
- EDA 设计步骤；
- HDL 概述；
- 常用 EDA 开发工具；
- IP 核概述。

1.1 概 述

进入 21 世纪的十年来，随着计算机技术与微电子技术的持续发展，数字化社会的特征进一步彰显，以数字集成电路为代表的数字电路已进入社会生活的各个领域。数字电路应用领域扩大的同时，其相应的功能设计也越来越复杂，这就对数字电路的设计方法提出了更高的要求。

传统数字电路的主要功能模块由功能固定的中小规模集成电路(SSI、MSI)、大规模集成电路(LSI)搭建而成。设计者在明确设计要求后，需要根据设计要求选择功能已知的 SSI、MSI 与 LSI，然后根据所选择的芯片考虑整个系统的硬件设计方案。概括起来说，传统的数字电路设计具有以下缺点：

(1) 由于所选择的集成电路功能固定，因此一旦设计方案确定并制造交付，硬件电路便不能修改、升级。

(2) 如果硬件经测试不能满足设计要求或者需要对逻辑功能进行调整、升级，则必须重新设计并制造，而实现复杂逻辑功能需要成百上千的 SSI、MSI 芯片与大量 LSI，此时如果重新设计并制造硬件，需要消耗较多的人力物力。

(3) 数字电路的相应控制全部由连线完成，只要参照成品的连线即可以仿制电路，电路的保密性低。

(4) 由大量 SSI、MSI、LSI 搭建而成的电路，其复杂的芯片外围连线对电路工作速度及工作的可靠性产生了不利影响：一方面其连线长度制约了所能达到的工作速度，另一方面过多的连线使电路也易受到外界的干扰。

鉴于上述缺点，传统的数字电路设计已经越来越不适应当下经济对电子设计的实时快速、易于检修、保密和升级的要求，而 EDA 技术与可编程逻辑器件的出现与发展弥补了传统数字电路设计方法的不足。EDA 是电子设计自动化的简称，这里的"自动化"主要指电子设计的关键工作由计算机自动完成。

可编程逻辑器件设计是 EDA 技术的重要应用领域。应用 EDA 技术设计可编程逻辑器件时，设计者只需正确描述所需逻辑功能，然后由 EDA 软件平台根据设计者提供的逻辑描述完成对指定目标可编程逻辑器件内部的布局布线工作。由于主要逻辑功能由可编程逻辑器件内部电路承担，而可编程逻辑器件内部连线很短，因此基于可编程逻辑器件的数字电路可以达到较高的运行速度与可靠性。 此外，EDA 软件平台通常提供软件仿真功能，也可以使用专门的软件仿真工具对已有的设计结果进行功能仿真、时序仿真、驱动仿真甚至电磁兼容方面的验证。当仿真结果显示不能达到设计要求时，一般只需修改设计者的设计描述而不需重新设计硬件电路，即使是硬件电路的修改也只是软件中部分语句的修改，所消耗资源较少。

EDA 技术已成为当今电子设计领域的重要技术。基于 EDA 技术，目前绝大多数数字电路均可由 CPU 与可编程逻辑器件及必要的外围电路(如存储器等)配合实现。学会使用数字电路设计这一强大的工具、掌握 EDA 技术，是 21 世纪相关专业人员掌握数字技术的重要环节。

1.2　EDA 技术的应用领域

EDA 技术在电子设计领域的主要应用包括电子 CAD(Computer Aided Design)与集成电路设计。

电子 CAD 即计算机辅助设计，它是 EDA 最早的应用领域。电子 CAD 的使用可以追溯到 20 世纪 70 年代，当时的 CAD 软件主要利用计算机软件帮助设计者进行 PCB(Printed Circuit Board)布线。进入上世纪 80 年代，CAD 软件在电路仿真方面有了很大的发展，设计者在 CAD 软件帮助下对电路进行功能检验，以期在设计交付之前能够发现问题。CAD 软件代替了一部分手工计算与操作，提高了电子设计的效率与可靠性。

随着电子CAD 的发展，EDA 技术也日益应用于集成电路设计，尤其是 ASIC(Application Specific Integrated Circuit，专用集成电路)设计。ASIC 是一种为满足某种特定应用目的而设计的集成芯片，其"专用"是相对通用集成电路而言的。ASIC 通常分为模拟 ASIC、数字 ASIC、模数混合 ASIC 与微波 ASIC，本节只讨论数字 ASIC。

数字 ASIC 可以划分为全定制 ASIC、半定制 ASIC 和可编程 ASIC 三大类。

全定制 ASIC 需要设计者借助全定制 IC 版图设计工具，由设计者手工设计 IC 版图，包括芯片内部的布局布线、规则验证、参数提取、一致性检查等。这种 ASIC 对设计人员提出了很高的经验要求，设计周期长且设计成本高，适用于批量很大的芯片。

半定制 ASIC 实际上是一种半成品的 ASIC，这种 ASIC 内部已经预制好单元电路，但各单元之间的连线掩膜尚未制造，有待设计确定。半定制 ASIC 包括门阵列 ASIC 与标准单元 ASIC。门阵列 ASIC 片上提供了大量规则排列的单元(早期的单元是门，故称门阵列)，将这些单元按不同规则连接到一起就可以产生不同的功能。标准单元 ASIC 的特征是采用标准单元库，设计时通过调用库中提供的标准单元的版图完成版图设计。由于标准单元库的内容经过精心设计，因此通过调用其所设计的版图往往能用较短的设计周期获得较高的性能。

无论是全定制 ASIC 还是半定制 ASIC，当版图设计出来后，仍然要返回到 IC 生产厂家去制造。而可编程 ASIC 与此不同，这种 ASIC 出厂时其制造工艺已全部完成，用户只要借助个人电脑与相应软件即可进行"编程"，经过"编程"的芯片可直接应用于系统。可编程 ASIC 的典型应用是 PLD(可编程逻辑器件)。

可编程逻辑器件的核心价值体现为"可编程"。可编程是指器件的内部硬件连接可修改，大部分的可编程逻辑器件可以多次修改其内部布局布线，从而改变其所具有的逻辑功能，这为设计的修改完善与产品升级带来了很大的灵活性。由于其主要逻辑功能在 PLD 内部实现，外界只能看到输入输出引脚，不能轻易知悉 PLD 内部的连接情况，因而也增加了数字电路设计的保密性。

可编程逻辑器件早期的产品包括 PROM、PAL、PLA、GAL 等，集成度较低，一般将其称为低密度 PLD；而 CPLD、FPGA 由于集成度较高而称为高密度 PLD。可编程逻辑器件经过数十年的发展，使用越来越普及，集成度越来越高，以往需要多个芯片构成的数字系统如今可以在一片超大规模 PLD 芯片上实现。本书讲述的重点是 EDA 技术在可编程逻辑器件方面的应用，其中第 2 章将介绍可编程逻辑器件两大供应商 Xilinx 公司的 FPGA 与 Altera 公司的 CPLD 的基本结构。

1.3　EDA 的设计步骤

EDA 的设计步骤主要包括设计输入、设计实现、设计验证与器件下载。

1. 设计输入

EDA 设计输入指设计者采用某种描述工具描述出所需的电路逻辑功能，然后将描述结果交给 EDA 软件进行设计处理。设计输入的形式有硬件描述语言输入、原理图输入、状态图输入、波形输入或几种方式混合输入等，其中硬件描述语言输入是最重要的设计输入方法。目前业界常用的硬件描述语言有 VHDL、Verilog-HDL、ABEL-HDL，本书主要介绍 VHDL 语言的设计输入方法。

2. 设计实现

设计实现的过程由 EDA 软件承担。设计实现是将设计输入转换为可下载至目标器件的数据文件的全过程。设计实现主要包括优化(Optimization)、合并(Merging)、映射(Mapping)、布局(Placement)、布线(Routing)、产生下载数据等步骤。

优化是指 EDA 软件对设计输入进行分析整理，使得逻辑最简，并将其转换为适合目标器件实现的形式。

合并是指将多个模块文件合并为一个网表文件。

映射是指根据具体的目标器件内部结构对设计进行调整，使逻辑功能的分割适合于用指定的目标器件内部逻辑资源实现。映射之前软件产生的网表文件与器件无关，主要是以门电路和触发器为基本单元的表述；映射之后产生的网表文件对应于具体的目标器件的内部单元电路，比如针对 Xilinx 公司的 FPGA 芯片，映射后的网表文件将逻辑功能转换为以 CLB 为基本单元的表述形式，便于后续布局。

映射将逻辑功能转换为适合于目标器件内部硬件资源实现的形式后，实施具体的逻辑功能分配，即用目标器件内不同的硬件资源实现各个逻辑功能，这一过程称为布局。针对 Xilinx 公司的 FPGA 芯片，布局就是将映射后的各个逻辑子功能分配给具体的某个 CLB 的过程。

布线是指在布局完成后，根据整体逻辑功能的需要，将各子功能模块用硬件连线连接起来的过程。

产生下载数据是指产生能够被目标器件识别的编程数据。对于可编程逻辑器件而言，CPLD 的下载数据为熔丝图文件，即 JEDEC 文件；FPGA 的下载数据为位流数据文件，即 bitstream 文件。

3. 设计验证

设计验证包括功能仿真、时序仿真与硬件测试。这一步通过仿真器来完成，利用编译器产生的数据文件自动完成逻辑功能仿真和延时特性仿真。在仿真文件中加载不同的激励，可以观察中间结果以及输出波形。必要时，可以返回设计输入阶段，修改设计输入，以满足最终的设计要求。

基于 EDA 软件强大的仿真功能，设计者可以在将数据下载至目标芯片之前或在制造出芯片之前通过软件对设计效果进行评估，这极大地节约了成本。高档的仿真软件还可以对整个系统设计的性能进行评估。仿真不消耗资源，仅消耗少许时间，而这些时间与设计成本相比完全值得。

功能仿真与时序仿真统称为软件仿真。二者的主要区别在于仿真时是否需要针对具体的目标器件考虑时序延迟。功能仿真主要验证设计结果在逻辑功能上是否满足设计要求，这种仿真不考虑逻辑信号实际运行时不可避免的延迟信息，可以在选择指定目标器件之前进行，或者在指定了目标器件但尚未进行布局布线之前进行，因此有时也称之为前仿真。

时序仿真由仿真软件根据目标器件内部的结构与连线情况，在仿真时考虑信号的延迟，尽可能地模拟实际运行状况。时序仿真必须在指定了目标器件且已经实现了布局布线后才能进行，因此有时也称为后仿真。显然，在评估设计结果的性能、分析时序关系、消除竞争冒险等情况下必须进行时序仿真。

硬件测试是指将下载数据下载至目标器件中，然后从硬件实际运行效果的角度验证设计是否达到预期要求。

4. 器件下载

器件下载也称为器件编程，这一步是将设计实现阶段产生的下载数据通过下载电缆下载至目标器件的过程。

使用查找表(LUT)技术和基于 SRAM 的 FPGA 器件(如 Altera 的 APEX、Cyclone，Xilinx 的 Spartan、Virtex)，下载的数据将存入 SRAM，而 SRAM 掉电后所存数据将丢失，为此，需将编程数据固化入 EEPROM 内。FPGA 上电时，由器件本身或微处理器控制 EEPROM

将数据"配置"入 FPGA 器件。FPGA 调试期间，由于编程数据改动频繁，没有必要每次改动都将编程数据下载到 EEPROM，此时可用下载电缆将编程数据直接下载到 FPGA 内查看运行结果，这种过程称为在线重配置(ICR)。

使用乘积项逻辑、基于 EEPROM 或 Flash 工艺的 CPLD 器件(如 Altera 的 MAX 系列、Xilinx 的 XC9500 系列以及 Lattice 的多数产品)进行下载编程时，应使用器件厂商提供的专用下载电缆，该电缆一端与 PC 的打印机并行口相连，另一端接到 CPLD 器件所在 PCB(印刷电路板)上的 10 芯插头(PLD 只有 4 个引脚与该插头相连)。编程数据通过该电缆下载到 CPLD 器件中，这个过程称为在系统编程(ISP)。ISP 过程如图 1-1 所示。

图 1-1　在系统编程示意图

部分 CPLD 与 FPGA 不能进行 ISP 或 ICR，下载数据时需要将目标芯片放入专门的编程器进行数据下载，下载之后再将目标芯片焊到系统电路板上。

1.4　TOP-DOWN 设计方法

TOP-DOWN 设计方法即自顶向下设计方法，是数字系统设计常用的设计方法，其本质是模块化设计，其精髓在于对系统功能按层逐渐分解，按层进行设计，按层进行验证仿真。采用 TOP-DOWN 方法设计某系统时，需要将设计的逻辑功能从上到下分解为功能子块，再分别对每个功能子块进行功能划分，从而得到各个功能子块下一层的若干功能子块。依此类推，对每一层的各个功能子块都可进行功能划分，从而得到下一层功能子块。功能划分的目标是将总体系统功能具体化、模块化，功能划分的最底层是具体寄存器与逻辑门电路或其他单元电路。功能划分结束后，从上至下对各层的各功能子块进行设计描述。最底层以上的每一层各功能子块的更详细设计描述在子块的下一层中说明。最后利用 EDA 工具，经过逻辑综合与适配，把决定 PLD 内部硬件连接的编程数据下载至有关器件，即完成了电子设计自动化过程。

功能划分时，一部分较高层次的设计描述比较抽象，这些高层与具体的硬件实现无关，因此不需考虑具体的目标器件，可以对其进行功能仿真，从而在设计的早期阶段就可以验证设计方案的可行性。一旦高层次的逻辑功能满足要求，就可以在底层针对具体的目标器件进行具体描述。此外，由于高层的抽象描述未涉及具体的器件，因此后期选择目标器件时更加自由。

自顶向下的设计方法是一种对系统功能由粗到细进行设计描述的过程，这一过程符合大多数人思考解决问题的习惯，很容易被广大设计者接受并使用。由于这种方法本质是模块化设计，可以在合适的层次上将各功能子块分配给不同的设计者进行设计，从而极大地节省了设计时间，非常适合系统功能越来越复杂的现状。

1.5　硬件描述语言

自顶向下的设计方法在高层次描述系统功能时，不涉及具体的器件，属于形式化抽象描述。硬件描述语言就是一种形式化描述语言，可以较抽象地描述数字电路的逻辑功能，是以自顶向下为主要设计方法的数字系统设计中主要的设计描述方法。常用的 HDL 有 ABEL-HDL、Verilog-HDL 和 VHDL。

1.5.1　ABEL-HDL

ABEL-HDL 是美国 DATA I/O 公司开发的硬件描述语言。用户使用 ABEL-HDL 进行设计时，无需考虑或较少涉及目标器件的内部结构，只需输入符合语法规则的逻辑描述。ABEL-HDL 语言支持布尔方程、真值表、状态图等逻辑表达方式，能准确地表达计数器、译码器等的逻辑功能。

由于 ABEL-HDL 是在早期的简单可编程逻辑器件(如 GAL)的基础上发展而来的，因此进行较复杂的逻辑设计时，ABEL-HDL 与 VHDL、Verilog-HDL 这些由集成电路发展起来的 HDL 相比稍显逊色。

目前支持 ABEL-HDL 语言的开发工具很多，有 DOS 版的 ABEL4.0(主要用于 GAL 的开发)、DATAT I/O 的 Synario、Lattice 的 ispEXPERT、Xilinx 的 Foundation 等软件。通过文件转换，ABEL-HDL 程序可以被转换为 VHDL 等其他 HDL。

ABEL-HDL 语言的基本结构可包含一个或几个独立的模块，每个模块包含一整套对电路或子电路的完全逻辑描述。无论有多少模块都能结合到一个源文件中，并同时予以处理。ABEL-HDL 源文件模块可分成五段：头段、说明段、逻辑描述段、测试向量段和结束段。

1.5.2　Verilog-HDL

Verilog-HDL 是目前应用较广泛的一种硬件描述语言。设计者可以用它来进行各种级别的逻辑设计，可以用它进行数字逻辑系统的仿真验证、时序分析、逻辑综合等。Verilog-HDL 是在 1983 年由 GDA(Gateway Design Automation)公司的 Phil Moorby 首创的。Phil Moorby 后来成为 Verilog-XL 的主要设计者和 Cadence 公司的第一个合伙人。20 世纪 80 年代中期，Moorby 设计出了第一个关于 Verilog-XL 的仿真器，他对 Verilog-HDL 的另一个巨大的贡献是于 1986 年提出了用于快速门级仿真的 XL 算法。随着 Verilog-XL 算法的成功，Verilog-HDL 语言得到迅速的发展。1989 年，Cadence 公司收购了 GDA 公司。1990 年，Cadence 公司决定公开 Verilog-HDL 语言，于是成立了 OVI(Open Verilog International)组织来负责 Verilog-HDL 语言的发展。基于 Verilog-HDL 的优越性，IEEE 于 1995 年制定了 Verilog-HDL 的 IEEE 标准，即 Verilog-HDL 1364-1995。

Verilog-HDL 是专门为 ASIC 设计而开发的，本身即适合 ASIC 设计。在亚微米和深亚微米 ASIC 已成为电子设计主流的今天，Verilog-HDL 的发展前景是非常远大的。Verilog-HDL 较为适合算法(Algorithm)级、寄存器传输(RTL)级、逻辑(Logic)级和门(Gate)

级设计。对于特大型的系统级设计，VHDL 尤为适合。

Verilog-HDL 把一个数字系统当作一组模块来描述，每一个模块都具有接口以及关于模块内容的描述，一个模块代表一个逻辑单元，这些模块用网络相互连接，相互通信。

1.5.3 VHDL

VHDL(Very-high-speed-integrated-circuits Hardware Description Language，超高速集成电路硬件描述语言)是美国国防部于 20 世纪 80 年代后期出于军事工业的需要开发的。1984年 VHDL 被 IEEE 确定为标准化的硬件描述语言。1994 年 IEEE 对 VHDL 进行了修订，增加了部分新的 VHDL 命令与属性，增强了系统的描述能力，并公布了新版本的 VHDL，即IEEE 标准版本 1046-1994 版本。VHDL 已经成为系统描述的国际公认标准，得到众多 EDA公司的支持，越来越多的硬件设计者使用 VHDL 描述系统的行为。

VHDL 语言涵盖面广，抽象描述能力强，支持硬件的设计、验证、综合与测试。VHDL 能在多个级别上对同一逻辑功能进行描述，如可以在寄存器级别上对电路的组成结构进行描述，也可以在行为描述级别上对电路的功能与性能进行描述。无论哪种级别的描述，都有赖于优良的综合工具将 VHDL 描述转化为具体的硬件结构。

相对于其他硬件描述语言，VHDL 的抽象描述能力更强。运用 VHDL 进行复杂电路设计时，非常适合自顶向下分层设计的方法。首先从系统级功能设计开始，对系统的高层模块进行行为与功能描述并进行高层次的功能仿真，然后从高层模块开始往下逐级细化描述。

VHDL 设计描述的基本结构包含有一个实体和一个结构体，而完整的 VHDL 结构还包括配置、程序包与库。本书第 4 章将对 VHDL 进行详细介绍。

1.5.4 Verilog-HDL 和 VHDL 的比较

Verilog-HDL 和 VHDL 都已成为 IEEE 标准。其共同的特点在于：能形式化地抽象表示电路的结构和行为，支持逻辑设计中层次与领域的描述，可借用高级语言的精巧结构来简化电路的描述，具有电路仿真与验证机制以保证设计的正确性，支持电路描述由高层到低层的综合转换，便于文档管理，易于理解和设计重用。VHDL 语言是一种高级描述语言，适用于电路高级建模，综合的效率和效果都比较好。Verilog-HDL 语言是一种较低级的描述语言，最适于描述门级电路，易于控制电路资源。

VHDL 直接描述门电路的能力不如 Verilog-HDL 语言，反之，Verilog-HDL 语言在高级描述方面不如 VHDL。VHDL 入门较难，但在熟悉以后，设计效率明显高于 Verilog-HDL，生成的电路性能也与 Verilog-HDL 不相上下。在 VHDL 设计中，综合器完成的工作量是巨大的，设计者所做的工作就相对减少了，而在 Verilog-HDL 设计中，设计者工作量通常比较大，因为设计者需要搞清楚具体电路结构的细节。本书以介绍 VHDL 硬件描述语言为主。

1.6 可编程逻辑器件开发工具

可编程器件的设计离不开 EDA 开发工具。现在有多种支持 CPLD 和 FPGA 的设计软件，有的设计软件是由芯片制造商提供的，如 Lattice 开发的 ispLEVER 软件包、Xilinx 开发的 ISE 软件包、Altera 开发的 Quartus Ⅱ 软件包。

由专业 EDA 软件商提供的 EDA 开发工具称为第三方设计软件，例如 Cadence、Mental、Synopsys、Viewlogic 和 DATA I/O 公司的设计软件。但利用第三方软件设计具体型号的器件时，需要器件制造商提供器件库和适配器软件。

本节将简要介绍由芯片制造商提供的三款开发工具。

1.6.1　ispLEVER

Lattice 公司 1983 年成立，1992 年发明第一个 ISP 可编程逻辑器件。ispLEVER 是 Lattice 公司提供的新款 EDA 软件。这款软件提供设计输入、HDL 综合、仿真、器件适配、布局布线、编程和在系统设计调试等功能。ispLEVER 作为一个软件包，不但包含了 Lattice 自己开发的用于器件编程的 ispVM 以及用于 ispClock 和 ispPAC 器件设计的 PAC-Designer 软件工具等，还包含了众多的第三方工具。如用于综合的第三方工具包括 Synplicity 公司的 Synplify 和 Exemplar Logic 公司的 Leonado 综合工具，用于仿真的第三方工具包括 Mentor Graphics 的 ModelSim。

ispLEVER 的设计输入可采用原理图、硬件描述语言、原理图和硬件描述语言混合输入三种方式。其中硬件描述语言支持 ABEL-HDL、VHDL 与 Verilog-HDL，此外还可以采用 EDIF(Electronic Design Interchange Format，电子设计交换格式)输入。

ispLEVER 的仿真工具支持功能仿真和时序仿真。其时序分析与仿真功能强大，能够帮助设计者进行充分的时序分析检查，确保设计从硬件上满足时序要求。ispLEVER 的仿真分析工具采用布线延迟估计算法，产生的结果更接近布线后的结果。通过时序分析检查工具提供的报告，设计者可以迅速确定系统的关键路径与元件，也可以判断时钟域是否被约束或如何被约束、时钟域之间的路径是否被约束或如何被约束、时钟域之间的数据通路是否需要修正等。

较新版本的 ispLEVER 支持 Lattice 公司的 ECP2/MFPGA 系列芯片，该系列芯片可以使用 ispLEVER 的时钟提速功能，通过在传递路径中改变时钟的边沿来平衡该路径，从而提高最高时钟频率。

随着数字系统的工作频率越来越快，保持时间不足成为系统中最可能发生的时序问题之一。保持时间不足通常发生在时钟偏移大于数据时延的场合。较新版本的 ispLEVER 提供了自动校正保持时间不足的功能，极大地减轻了设计的工作量。

ispLEVER 软件适用于 Lattice 公司的从 ispLSI 、MACH、ispGDX、ispGAL、GAL 器件到 FPGA、FPSC、ispXPGATM 和 ispXPLDTM 产品系列的所有可编程逻辑产品。

1.6.2　ISE

ISE 是 Xilinx 公司提供的 EDA 设计软件，该软件有 Foundation 版和 WebPack 版，二者主要功能相同，区别在于 WebPack 版是免费版本，并且支持的器件型号相对较少。这款软件提供设计输入、综合、仿真、布局布线、配置和在线调试等功能。ISE 是一个软件包，除了 ISE 集成环境 Project Navigator 外，还集成了众多的软件工具。

ISE 的设计输入工具包括：

(1) HDL 编辑器，用于编写 HDL 代码；

(2) Xilinx CORE Generator System，为 IP 核生成器，用于生成 IP 核；

(3) StateCAD，为状态机编辑器，用于以图形方式进行状态机设计；

(4) RTL&Technology Viewers，为 RTL 与技术查看工具，用来显示综合工具 XST 的原理图综合结果；

(5) Constraints Editor，为约束编辑器，用于附加时序约束，由设计者控制综合与布局布线过程；

(6) PACE(Pinout & Area Constraints Editor)是引脚与面积约束编辑器，用于分配管脚与面积约束；

(7) Architecture Wizards，用于辅助设计 DCM 模块与高速 I/O 收发器。

ISE 的综合工具称为 XST(Xilinx Synthesis Technology)；仿真工具主要为 ISE Simulator Lite；时序分析工具称为 STA(Static Timing Analyzer)，用于观察和分析综合与布局布线；布局规划工具称为 FloorPlanner；FPGA Editor 是 FPGA 底层编辑工具，用于观察和编辑 FPGA 布局布线；ISE 还提供了用于分析功耗的工具 Xpower；ISE 用来产生配置文件并配置 FPGA 的工具称为 iMPACT。

ISE 所集成的各类工具适合于复杂程度不同、设计要求不同的设计场合。各类工具中最常用的是仿真工具、综合工具与配置工具，这是初学者必须掌握的三大工具，其他工具需要有一定的设计经验才能真正发挥作用。

ISE 可以方便地调用第三方工具，如用于仿真的 ModelSim、用于综合的 Synplify。设计者可以根据个人对软件工具的熟悉程度选择是使用 ISE 已经集成的工具还是调用第三方工具。

目前 ISE 软件已经被整合为设计套件(ISE Design Suite)，针对不同的设计人群采用了不同的版本，如针对逻辑设计者的逻辑版本(Logic Edition)、针对 DSP 开发者的 DSP 版本(DSP Edition)、针对设计中需要嵌入式处理器的嵌入式版本 (Embedded Edition)。各种版本虽然应用领域不同，但都具有通用的 FPGA 开发能力。

1.6.3 Quartus Ⅱ

Quartus Ⅱ是 Altera 公司推出的 CPLD/FPGA 开发工具，Quartus Ⅱ提供了与结构无关的设计环境，使用 Quartus Ⅱ，设计者无需精通器件内部的复杂结构，而只需要用自己熟悉的设计输入工具准确描述系统功能要求，Quartus Ⅱ会自动把这些设计输入转换成最终结构所需的格式。由于有关器件结构的详细设计方案事先已装入开发工具，设计者往往不需手工优化自己的设计，因此设计速度非常快。

Quartus Ⅱ开发流程主要包括设计输入、设计编译、仿真与器件编程四个步骤。

Quartus Ⅱ的设计输入方法多样，有原理图输入、硬件描述语言输入、存储器数据直接输入、IP 核调用、第三方工具 EDIF 与 VQM 输入等。其中，输入原理图时，除了一般的逻辑单元外，还可使用 Quartus Ⅱ提供的 LPMs 与宏功能等函数，也可使用用户自定义的库函数。硬件描述语言输入支持 AHDL、Verilog-HDL 和 VHDL 三种语言。存储器数据直接输入是指使用 Quartus Ⅱ 提供的存储器编辑器 Memory Editor 产生 Hex 或 Mif 格式的文件将数据直接存入存储器。此外，Quartus Ⅱ 的功能模块分配编辑器(Assignment Editor)可以为设计设置约束条件。

　　Quartus Ⅱ 的设计编译能够一键调用众多的功能模块，包括分析与综合器(Analysis& Synthesis)、适配器(Fitter)、装配器(Assembler)、时序分析器(Timing Analyzer)、网表生成器(EDA Netlist Writer)等功能模块。Quartus Ⅱ 所指的适配即为布局与布线，而装配是指产生编程数据。Quartus Ⅱ 的时序分析器作为编译过程的一部分，主要功能是对设计的时序信息进行分析与报告，如报告建立时间、保持时间、时钟至输出延时、最大时钟频率等。编译时，可以选择菜单 Processing 或工具条上的 Start Compilation 来调用以上各模块，也可以在 Task 对话框中右键点击 Compilation 来进行编译。以上各功能模块均可以单独调用。

　　Quartus Ⅱ 的仿真同样包括功能仿真与时序仿真。仿真时，既可以使用 Quartus Ⅱ 集成的仿真工具，也可以使用第三方仿真工具，如 ModelSim 等。本书第 3 章介绍了 Quartus Ⅱ 调用第三方仿真工具 ModelSim 的方法。

　　Altera 公司提供了免费的 Quartus Ⅱ 网络版软件和 Quartus Ⅱ 订购版软件。订购版 Quartus Ⅱ 永久付费许可，过期后仍继续工作，并提供免费的 30 天评估许可。而网络版 Quartus Ⅱ 只有 150 天免费许可，过期后需要另外的免费许可。免费的 Quartus Ⅱ 网络版软件包括了 Quartus Ⅱ 订购版软件的大部分功能，以及设计 Altera 最新 CPLD 和低成本 FPGA 系列所需的一切，它还支持 Altera 高密度系列中的入门级型号。但相比之下，订购版 Quartus Ⅱ 拥有比网络版 Quartus Ⅱ 更多的优势。订购版 Quartus Ⅱ 支持 IP 基本套件 MegaCore 的全部功能，能够使用 FIR(有限冲激响应滤波器)、NCO(数控振荡器)、DDR、DDR2、QDR Ⅱ、RLDRAM Ⅱ 存储控制器等 IP 核。此外，订购版 Quartus Ⅱ 还支持 SIGNALTap Ⅱ 逻辑分析器与 SIGNALProbe 功能、LogicLock TM 渐进式设计区域和定制区域、HardCopy 工具、虚拟 I/O 引脚与 FIFO Partitioner 宏功能。

1.7　IP 核 概 述

　　IP 的英文全称为 Intellectual Property，即知识产权。IP 涉及社会生活各个领域，在 EDA 领域，IP 以 IP 核(IP Core)的形式出现。所谓 IP 核，是指将电子设计过程中经常使用而又对设计要求较高的功能模块，经过严格测试与高度优化，精心设计为参数可调的模块，其他用户通过调整 IP 核的参数即可满足特定的设计需要。IP 核的获得方法有继承、共享与购买。　IP 核按实现方法不同，通常分为软核、固核与硬核。

　　软核是指用硬件描述语言描述的功能模块，但不涉及具体的实现电路。软核最终产品与一般的 HDL 编写的源程序相似，但软核开发的成本较大，对开发所需的软件、硬件要求较高。由于软核开发时未涉及具体实现电路，因此为使用者在软核基础上的二次开发提供了较大的余地，使得软核的使用有较大的灵活性。

　　固核是指经过了综合的功能模块。它有较大的设计深度，以网表文件的形式提交使用。如果客户与固核使用同一个 IC 生产线的单元库，固核应用达标率会高很多。Altera 公司的 IP 核就是以固核的形式提交使用的，其 IP 核为加密网表文件，配合以管脚、电平等方面的约束条件使用。

硬核提供了设计的最终产品——掩膜(Mask)。设计深度越高，后续所需做的事情越少，相应的使用灵活性也越低。目前电子系统越来越复杂，很多 FPGA 产品已经将硬核固化于芯片内部，以加快使用者的开发速度。

Altera 公司以及第三方 IP 合作伙伴为用户提供了许多 IP 核，基本可以分为两类：免费的 LPM 宏功能模块(Megafunciton/LPM)和需要授权使用的 IP 核(MegaCore)。二者的使用方法相同，但功能有所区别。其中 LPM 的功能是一些通用功能，如 Counter、FIFO、RAM 等。另外，Altera 公司的 FPGA/CPLD 产品所提供的特殊功能，如 DSP 块、PLL 等必须以 LPM 的形式才能加以使用。需要授权的 IP 核专门针对 Altera 公司的 FPGA/CPLD 进行了测试和优化，用户可以在 Altera 公司的网站下载，然后借助 Quartus II 软件进行仿真评估，评估结果符合设计要求后，一般需要付费购买才能使 IP 核脱离仿真器而独立运行。

第 2 章　CPLD、FPGA 芯片结构

【本章提要】　本章分别介绍 Altera 公司的新一代 CPLD 芯片——MAX Ⅱ 系列芯片与 Xilinx 公司的新一代 FPGA 芯片——Virtex-5 系列芯片的内部结构，使读者对 CPLD、FPGA 的原理有进一步的认识。主要内容如下：
- MAX Ⅱ 系列芯片的结构；
- Virtex-5 系列芯片的结构。

2.1　Altera 公司 CPLD 芯片

2.1.1　概述

CPLD 即 Complex Programmable Logic Device，复杂可编程逻辑器件。GAL、CPLD 之类都是基于乘积项的可编程机构，由可编程的与阵列和固定的或阵列组成。MAX 系列芯片是 Altera 公司生产的 CPLD，该系列芯片包括 1995 年生产的 MAX 7000S、2004 年生产的 MAX Ⅱ 系列芯片，以及 2007 年生产的 MAX Ⅱ Z 系列芯片。MAX 系列芯片以低功耗、低成本的特点成为业界常用的 CPLD。本小节将重点介绍近年来较为流行的 MAX Ⅱ 系列芯片 的内部结构。

传统的 CPLD 基于乘积项产生逻辑功能，其结构是以逻辑宏单元阵列 LAB 与固定的全局布线矩阵为基础的。传统 CPLD 的主要缺点在于：当器件内部的宏单元个数超过 512 个，或者门密度超过几千门时，宏单元之间的互连线规模将呈指数级增长。限于 CPLD 器件的面积约束，全局布线结构的 CPLD 内部密度有限。

MAX Ⅱ 系列芯片采用了新的结构，仍然以 LAB 为主要结构，但布线方法摒弃了以前的全局布线结构(Global Routing)，而采用了行列布线结构(Row&Coloumn Routing)，如图 2-1 所示。行列布线结构使得互连线规模随着 LAB 的增长呈线性增长。

MAX Ⅱ 系列 CPLD 内部的 LAB 基于查找表 LUT(Look-Up Table)结构，这种结构使其与以前的任一款 MAX 系列 CPLD 相比，无论是芯片密度还是面积都有了显著的减小。

此外，MAX Ⅱ 系列芯片 CPLD 内部还集成了 Flash 存储器，这使得 MAX Ⅱ 系列芯片本身就具备了存储功能，适用于一些需要存储简单数据的应用场合(比如要求系统在加电后在 LCD 上显示一些必要的提示性信息)，且这一片内 Flash 存储器将直接减少一块片外存储器的面积与成本。

MAX Ⅱ 系列芯片支持 MultiVolt 内核，该内核允许器件工作在 1.8 V、2.5 V 或 3.3 V 电源电压环境下，并且可以与其他 1.5 V、1.8 V、2.5 V 或 3.3 V 逻辑电平的芯片保持无缝连接。这一特点使得需设计的电源电压的种类和数量显著减少，简化了板级设计。

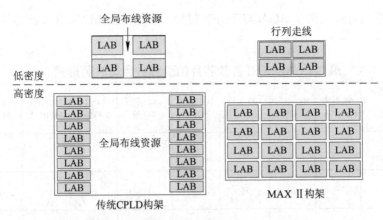

图 2-1　MAX Ⅱ 系列芯片与传统 CPLD 布线资源的对比

　　为便于读者学习，本小节将传统 CPLD 的乘积项结构与 MAX Ⅱ系列芯片的查找表结构作一对比：图 2-2 是传统的乘积项结构；图 2-3 是查找表结构，这种结构以逻辑单元 LE(Logic Elements)为基础单位，每个 LE 又包括一个 4 输入查找表与一个寄存器。从图中可以看出，这两种结构有本质的区别。

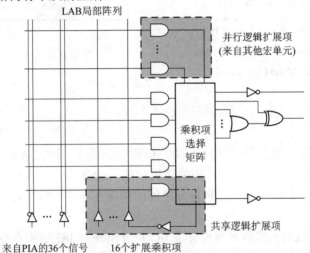

图 2-2　传统的乘积项结构

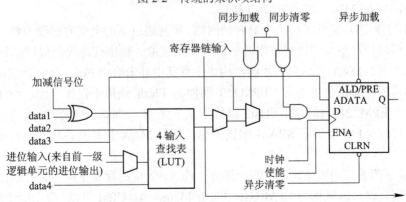

图 2-3　基于 LE 的 LUT 结构

MAX Ⅱ系列芯片提供了 BGA 与 TQFP 封装。表 2-1 是 MAX Ⅱ各款芯片的引脚数目与封装形式。

表 2-1　MAX Ⅱ各款芯片的引脚数目与封装形式

封装　最大I/O数　型号	68 引脚 MFBGA①	100 引脚 MFBGA	100 引脚 FBGA②	100 引脚 TQFP③	144 引脚 TQFP	144 引脚 MFBGA	256 引脚 MFBGA	256 引脚 FBGA	324 引脚 FBGA
EPM240 EPM240G	—	80	80	80	—	—	—	—	—
EPM570 EPM570G	—	76	76	76	116	—	160	160	—
EPM1270 EPM1270G	—	—	—	—	116	—	212	212	—
EPM2210 EPM2210G	—	—	—	—	—	—	—	204	272
EPM240Z	54	80	—	—	—	—	—	—	—
EPM570Z	—	76	—	—	—	116	160	—	—

注：① MFBGA:Micro Fine Line Ball Grid Array;

② FBGA:Fine Line Ball Grid Array;

③ TQFP:Thin Quad Flat Package。

2.1.2　功能描述

MAX Ⅱ系列芯片的逻辑阵列由 LAB(逻辑阵列块)构成,每个 LAB 包括 10 个逻辑单元,每个逻辑单元都能实现一部分用户期望的逻辑功能。LAB 块分布在行线与列线之间,由行线、列线实现 LAB 之间的互连。逻辑单元之间的快速互连使得时序延迟远小于以往的全局布线互连。

LAB 周围的行线与列线的末端设置了 I/O 单元(IOE),I/O 引脚在输出信号的同时还能得到相应的反馈。每个 IOE 包括一个双向 I/O 缓冲器。I/O 引脚支持施密特触发输入以及各种接口标准,如 66 MHz、32 位的 PCI 接口。

MAX Ⅱ系列芯片提供了一个全局时钟网络,该网络包括的全局时钟线为整个芯片内部的各部分提供时钟,不作时钟时可作诸如复位、预置位、输出使能等全局控制信号。

图 2-4 给出了 MAX Ⅱ系列芯片的结构。注意其中并未给出 Flash 存储器的位置,因为不同型号芯片的 Flash 位置不同。EPM240 器件的 Flash 块位于器件左侧,而 EPM570、EPM1270 和 EPM2210 器件的 Flash 块位于左下区域。Flash 存储空间被划分为指定的配置空间 CFM。CFM 提供了 SRAM 配置信息,使得 MAX Ⅱ系列芯片上电时能自动配置逻辑功能。

MAX Ⅱ系列芯片内置 Flash 中的一部分,约 8192 位的存储空间被划分给用户作为用户存储器使用,这一区域称为 UFM(User Flash Memory)。UFM 可以与其附近的 3 行 LAB 相接,由这些 LAB 进行读写。图 2-5 给出了 MAX Ⅱ系列芯片的底层布局。

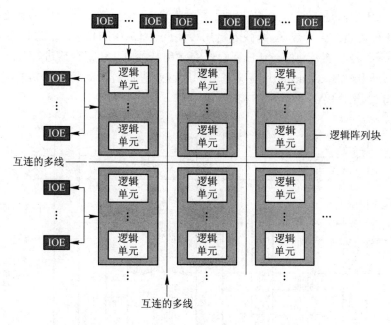

图 2-4　MAX Ⅱ系列芯片的内部结构

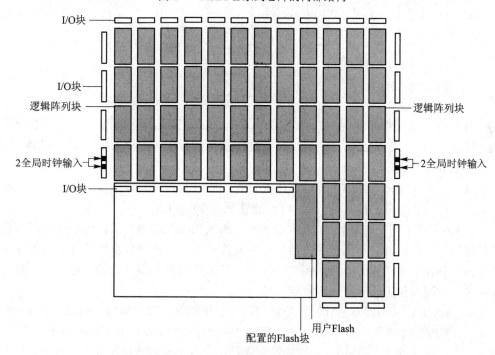

图 2-5　MAX Ⅱ系列芯片的底层布局

2.1.3　逻辑阵列块

每个逻辑阵列块包括 10 个 LE(逻辑单元)、逻辑单元进位链、LAB 控制信号、LAB 局部互连线、一个查找表链以及寄存器互连链。每个 LAB 可含多达 26 个专用输入信号，还包括由同一 LAB 中其他逻辑单元的输出反馈回来的 10 个反馈信号。内部互连线用于同一 LAB 内部各 LE 之间的信号传递。查找表链用于将同一 LAB 的相邻 LE 的 LUT 输出信号进行互连传递。寄存器互连链将某一 LE 寄存器的输出与相邻 LE 寄存器进行互连传递。Altera 公司的 EDA 开发软件 Quartus II 能够充分利用这些进位链自动将逻辑功能配置到相应的 LE 内。图 2-6 给出了 LAB 的内部结构。

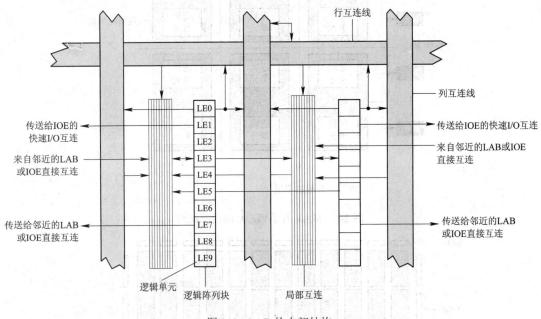

图 2-6　LAB 的内部结构

　　LAB 局部互连能够驱动同一 LAB 的所有 LE。LAB 局部互连线的信号来自于整个芯片的行列互连线与各 LE 输出信号的反馈。通过直接互连的形式，与 LAB 相邻的其他 LAB 也能驱动 LAB 的局部互连线。

　　直接互连的形式体现了高性能与灵活的特点，能够显著减轻整个芯片行列互连线的负担。借助于局部互连与直接互连，每个 LE 能够驱动 30 个 LE。

　　每个 LAB 能在同一时刻发出 10 种控制信号给其内部的逻辑单元。这些控制信号包括两条时钟信号、两条时钟使能信号、两条异步复位信号、一条同步复位信号、一条异步预置信号、一条同步预置信号以及加/减控制信号。例如当需要实现计数器功能时，一般需要这些信号中的同步预置信号与同步复位信号。

　　注意，LAB 的时钟信号及其时钟使能信号一定是同时发挥作用的。例如，若 LAB 中某一个 LE 要用到时钟信号 labclk1，则对应的时钟使能信号 labclkena1 必须有效。

　　实际应用时要注意，Quartus II 的缺省配置是利用一个反相器来达到预置效果，如果用户关闭了这个反相器或者指定了某个寄存器输出为高电平，则预置信号将由异步预置信号提供。在 addnsub 信号的控制下，一个逻辑单元能实现一位的加法器或减法器，在某些需要频繁在加法器和减法器之间切换的场合，例如设计相关器、有符号乘法器时，这些功能将十分有用，不但能提高性能，还能大大节约 LE 的资源。

　　LAB 的列时钟信号由整个芯片的全局时钟驱动。图 2-7 给出了 LAB 的控制信号。

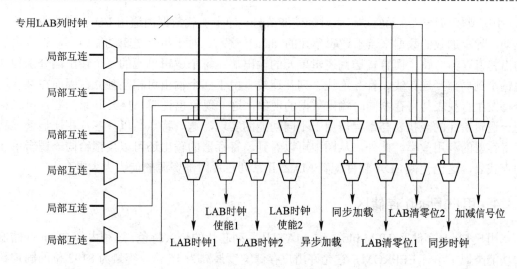

图 2-7　LAB 的控制信号

逻辑单元 LE 虽然是 MAX Ⅱ系列芯片最小的逻辑模块，却为实现逻辑功能提供了很多重要特性。每个 LE 包括一个 4 输入的查找表，这种查找表在 MAX Ⅱ系列芯片出现之前，曾是 FPGA 的一大标志。4 输入查找表可以实现任何 4 变量的逻辑功能。此外，每个逻辑单元还包括一个可编程的寄存器与可选的进位链。在 LAB 控制信号的作用下，逻辑单元可以动态地工作在一位加法器或一位减法器模式。逻辑单元能够驱动所有形式的内部互连，包括前述的 LAB 局部互连线、全局行列互连线、LUT 链、寄存器链等。

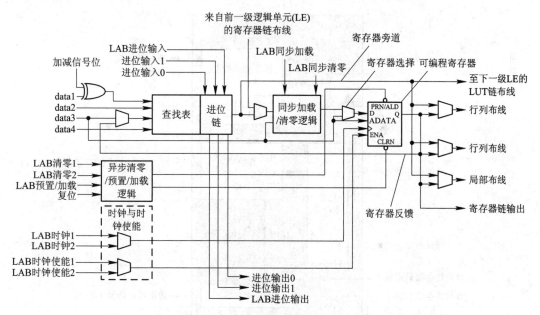

图 2-8　MAX　Ⅱ系列芯片的逻辑单元结构

图 2-8 是 MAX Ⅱ系列芯片的逻辑单元结构。图中，逻辑单元内的可编程寄存器能够配置为 DFF、TFF、JKFF 或 SRFF。每个寄存器都有异步预置信号、时钟信号与时钟使能信号、复位信号以及异步加载信号。其中寄存器时钟信号与复位信号可由全局信号、通用

I/O 引脚或任何逻辑单元驱动，而时钟使能信号、异步加载数据由通用 I/O 引脚或逻辑单元驱动。异步加载的数据来自于逻辑单元的 data3 输入。对于组合逻辑功能而言，查找表的输出将寄存器旁路，而直接送到逻辑单元的输出端。每个逻辑单元的三个输出端分别独立地输出到局部互连布线、行互连线、列互连线。由于三个输出可相互独立，因而在某些场合将发生查找表与寄存器同时输出数据的现象，这一现象也说明 MAX Ⅱ 系列芯片可以将同一逻辑单元的查找表与寄存器用于不同功能的实现，这一特点与以往芯片相比显著提高了寄存器的利用效率。此外，从图中可以看到，寄存器的输出还可以反馈给同一逻辑单元的查找表，这也使得 EDA 软件配置 MAX Ⅱ 系列芯片内部资源的能力大大提高。

2.1.4 用户 Flash 存储区

用户 Flash 存储区(UFM block)是 MAX Ⅱ 系列芯片的一大特色，这种内部 Flash 存储器的功能类似于串行 EEPROM，它允许用户存储宽度最高为 16 位、容量为 8192 位的固定数据。UFM 允许任何逻辑单元访问，图 2-9 给出了 UFM 的接口信号。

图 2-9 显示，8192 位的存储空间分为两个 4096 位的区域扇区 1(Sector1)与扇区 0(Sector 0)。这两个区域的操作独立进行，当对其中一个区域进行擦除或编程操作时，另一个区域的数据保持不变。当要对整个 UFM 进行擦除时，需要分别擦除这两个区域。整个 UFM 的地址总线为 9 位，将存储空间分为 512 个单元，地址范围为 000H～1FFH。其中扇区 0 的地址范围为 000H～0FFH，扇区 1 的地址范围为 100H～1FFH。数据宽度可以由用户在 Quartus Ⅱ 软件中进行设置，最大为 16 位。

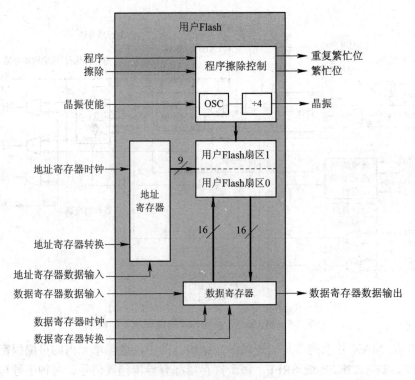

图 2-9 UFM 的接口信号

UFM 模块内部控制电路中包含 OSC(时钟模块)。OSC 提供的时钟一方面用于 Flash 的读写，另一方面经过四分频后作为 UFM 模块的输出信号，可以作为外部的通用时钟。典型的 OSC 输出频率范围为 3.3 MHz～5.5 MHz。

编程或擦除未完成时，UFM 模块的忙信号 BUSY 始终保持有效，在此期间编程信号 PROGRAM 或擦除信号 ERASE 也必须一直保持有效电平。UFM 模块支持用 JTAG 接口读写。

UFM 支持标准的读写操作。当从 UFM 读取数据时，存储器单元地址可自动增长，这一过程在地址产生电路专用信号 ARSHIFT 和 ARCLK 的控制下进行。

图 2-10 给出了 UFM 与 LAB 的接口电路。

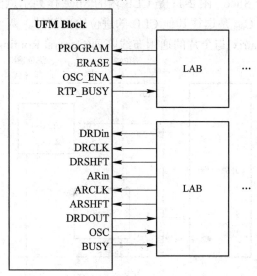

图 2-10　UFM 与 LAB 的接口电路

2.2　Xilinx 公司 Virtex-5 系列 FPGA

2.2.1　概述

FPGA 即现场可编程门阵列(Field Programmable Gate Array)。与 CPLD 不同，该类可编程器件主要使用基于查找表结构，大部分的 FPGA 使用基于 SRAM 的查找表逻辑形成结构。Xilinx 公司的 FPGA 产品主要包括 Spartan 系列与 Virtex 系列。Spartan 系列主要包括 Spartan、Spartan-XL、Spartan-Ⅱ、Spartan-ⅡE、Spartan-3、Spartan-3E、Spartan-3L 等子系列；Virtex 系列主要包括 Virtex、VirtexE、Virtex-Ⅱ Pro、Virtex-4、Virtex-5 等子系列。Virtex 属于高端产品，密度较高，而 Spartan 属于普通系列。

Virtex 系列中的子系列 Virtex-5 是全球第一款交付到用户手中的 65 nm 工艺 FPGA 芯片，基于 ExpressFabric 架构，该系列芯片从 2003 年开始陆续推出 4 种满足不同应用的平台，分别是 LX、LXT、SXT、FXT。本节以该系列芯片为例介绍 Xilinx 公司 FPGA 的基本结构。

　　Xilinx 公司 FPGA 芯片的内部结构都包含 CLB(Configurable Logic Block，可配置逻辑块)、输入/输出块(Input/Output Block)、RAM 块(Block RAM)这三种基本结构。其中 CLB 用来实现 FPGA 芯片的大多数逻辑功能；输入/输出块用来提供外部引脚和内部信号引线的接口；RAM 块用来供用户存储数据。本节将以 Virtex-5 系列芯片为例介绍这三种基本结构的原理。

2.2.2　可配置逻辑块 CLB

　　Virtex-5 系列芯片均提供了数量巨大的 CLB，如 XC5VLX330 芯片有两万多个 CLB。每个 CLB 又包含了两个 Slice。图 2-11 是 CLB 内的 Slice 排列示意图，其中的 C_{in} 是来自邻近的 CLB 的进位信号，C_{out} 是送往其他 CLB 的进位输出信号。两个 Slice 相互独立，均可通过开关矩阵(Switch Matrix)与全片的通用布线阵列(General Routing Matrix)相连。

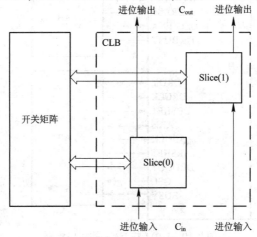

图 2-11　CLB 内的 Slice 排列示意图

　　Xilinx 软件开发工具用坐标来区别所有的 Slice。图 2-12 给出了多个 CLB 之间的连接关系及其坐标安排。

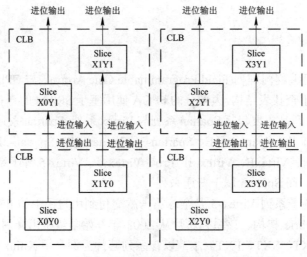

图 2-12　多个 CLB 之间的连接及 Slice 坐标安排

从图中可以看出 Slice 分成了多列，每一列 Slice 都有其独立的进位链。每个 Slice 的坐标用 XmYn 表示，"X"后的数字从左往右依次表示该 Slice 所在的列，"Y"后的数字表示 Slice 所在的行，每个 CLB 内部的两个 Slice 都属于同一行。图中左下角的第一个 CLB 的第一个 Slice 编号为 X0Y0。

CLB 内部的 Slice 是真正实现逻辑功能的模块，每个 Slice 内部包括 4 个结构相同的部分，这四个模块分别用 A～D 区分。Slice 又分为两种：SliceM 与 SliceL。二者的区别在于该 Slice 是否支持用分布式 RAM 存储数据和寄存器及能否进行数据移位。图 2-13 给出了 SliceM 内部 A 部分的结构。若将该图左侧的 DPRAM/SPRAM/SRL/LUT/RAM/ROM 模块改为只具有 LUT/ROM 功能的模块，并将 WE 信号去除，即为 SliceL 结构。

由于 SliceM 支持用分布式 RAM 存储数据，即将数据分布存储于 SliceM 内的各个查找表中，因此 SliceM 适合于需要存储大量数据的场合。分布式 RAM 可以有很多种形式，比如单端口或双端口的 32(或 64、128) × 1 位 RAM、四端口 32 × 2 位 RAM、四端口 64 × 1 位 RAM、单端口 256 × 1 位 RAM 等。分布式 RAM 需要同步操作，通常可以用同一 Slice 中的一个存储元件或触发器实现同步写。通过合理设置这个触发器的位置，可以将触发器的延迟缩短到触发器的时钟输出范围内，从而提高分布式 RAM 的性能。不过，这样会附加一个时钟延迟，分布式元件共用相同的时钟输入。对于写操作，必须将写使能(WE)输入(由 SliceM 的 CE 或 WE 引脚驱动)设置为高。

需要延时或延迟补偿的应用场合常需要用到移位寄存器，SliceM 左侧的存储部分可以在不需要触发器的情况下配置成移位寄存器。如图 2-13 左侧的 SRL32/SRL16 所示，以这种方法使用的每个 LUT 可以将串行数据延迟 1 到 32 个时钟周期之间的任意长度。

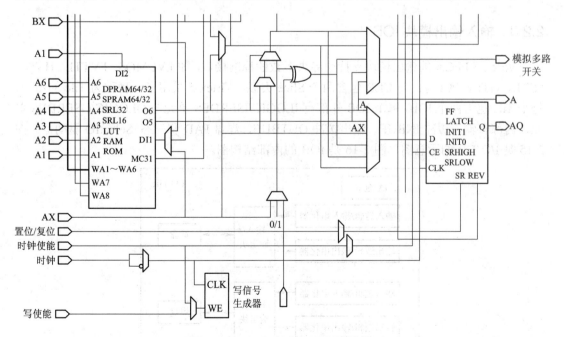

图 2-13　SliceM 的内部 A 部分结构

图 2-13 右侧部分是寄存器，SR、CE、CLK 是 Slice 内部四个寄存器的置位/复位、时钟使能和时钟信号端口，这些寄存器都可以被设置为同步或异步置位与复位。

图 2-13 左侧存储部分可以以三种形式配置 ROM：ROM64×1、ROM128×1、ROM256×1，显然如果配置为 ROM64×1 只需要某一个存储模块，而 ROM128×1 需要两个，ROM256×1 需要 Slice 内部全部的四个存储模块。ROM 内容在每次器件配置时加载。

当左侧存储部分配置为查找表时，由于其输入信号为 6 位，因此查找表的容量为 $64(2^6)$ 位，显然 6 输入查找表能轻易实现任何 6 输入的布尔函数。每个 6 输入查找表提供了两个相互独立的输出信号 O5 与 O6，其中的 O6 输出表示当前的查找表实现的是一个 6 输入的布尔方程，而 O5 有输出则表示查找表实现的是两个 5 输入变量的布尔函数。显然，要使 6 输入查找表实现两个 5 输入变量布尔函数，至少应保证有 4 个输入变量是相同的。

每个 Slice 除了能实现四个 6 输入布尔函数外，还能实现两个 7 输入布尔函数或一个 8 输入布尔函数。Slice 内部提供了三个多路选择器来实现这一功能。如图 2-14 所示，F7AMUX 与 F7BMUX 的输出实现了 7 输入布尔函数，F8MUX 实现的是 8 输入布尔函数。其中，F7AMUX 的输入来自于 Slice 内 A、B 部分的 O6 输出，F7BMUX 的输入来自于 Slice 内 C、D 部分的 O6 输出；F8MUX 的两个输入来自于 F7AMUX 与 F7BMUX 的输出。

单个 Slice 能实现 8 变量布尔函数，而 Slice 之间是相互独立的，因此多个 Slice 能够实现超过 8 个输入变量的布尔函数，由此 FPGA 可以实现功能复杂的逻辑功能。

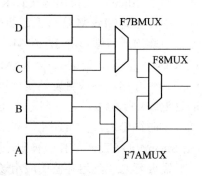

图 2-14　利用多路选择器实现 7 输入或 8 输入布尔函数

2.2.3　输入输出模块 IOB

Virtex-5 FPGA 的输出模块支持业界大多数的标准接口，如 LVCMOS、LVTTL、HSTL、SSTL、GTL、PCI 等。与 CLB 包含两个 Slice 类似，Virtex-5 采用了一种称为 Tile 的结构，每个 Tile 包含两个 IOB，每个 IOB 外部有 ILOGIC/ISERDES 单元与 OLOGIC/OSERDES 单元，内部有输入缓冲 INBUF、输出缓冲 OUTBUF、焊盘 PAD 和三态 SelectIO 驱动器。图 2-15 是 I/O Tile 的示意图，图 2-16 是 IOB 的内部结构图。

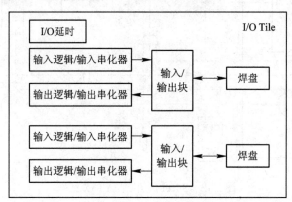

图 2-15　I/O Tile 示意图

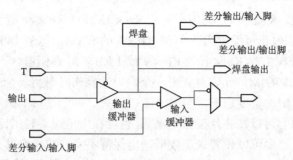

图 2-16　IOB 内部结构图

Virtex-5 系列芯片 IOB 的 ILOGIC/ISERDES 可以配置为 D 触发器或锁存器，也可以配置为 IDDR 模式。IDDR 是指输入双倍数据速率(DDR)寄存器，ILOGIC 电路中有专用寄存器来实现此功能，需要通过例化 IDDR 单元来使用。

OLOGIC 由两个主要模块组成，一个用于配置输出数据通路，另一个用于配置三态控制通路。这两个模块也可以配置为 D 触发器、锁存器或 DDR 模式，它们虽具有共同的时钟，但具有不同的使能信号 OCE 和 TCE。如图 2-17 所示，其中的 SR 与 REV 信号组合使用可以进行置位与复位，这两个信号在 ILOGIC 电路中也有，功能相同。

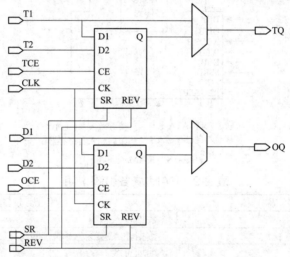

图 2-17　OLOGIC 结构图

I/O Tile 中的 IODELAY 为延迟单元，IODELAY 可以连接到 ILOGIC/ISERDES 或 OLOGIC/OSERDES 模块，也可同时连接到这两个模块。IODELAY 具有 64 个抽头，每个抽头有固定的延迟，延迟数值可以在一定范围内选择。IODELAY 可用于对输入数据与时钟的设计要求较高的组合输入通路、寄存输入通路、组合输出通路或寄存输出通路等场合，也可以在内部资源中直接使用。

2.2.4　Block RAM

Xilinx 公司的 FPGA 片内有成块的存储器 RAM，这些 RAM 称为 RAM 块，不同系列的存储容量不同。Virtex-5 每个 RAM 块数据存储容量最高可达 36 Kb，既可以作为一个 36 Kb RAM 使用，也可以配置成两个独立的 18 Kb RAM。每个 36 Kb RAM 块可配置成

32 Kb × 1、16 Kb × 2、8 Kb × 4、4 Kb × 9、2 Kb × 18 或 1 Kb × 36 存储器，当与一个相邻的 36 Kb RAM 块级联时也可配置为一个 64 Kb × 1 的 RAM。每个 18 Kb RAM 块可配置成一个 16 Kb × 1、8 Kb × 2、4 Kb × 4、2 Kb × 9 或 1 Kb × 18 存储器。

RAM 块属于双口 RAM，允许对其中一个端口读操作时对另一个端口进行写操作。每个端口均可配置成可用的宽度之一，与另一端口无关。每个端口的读端口宽度可与写端口宽度不同。RAM 块内容可以在芯片工作中重写，也可在上电配置时用比特流初始化或清除。在写操作过程中，存储器可以设置成让数据输出保持不变，或者令其反映正在写入的新数据或正在覆盖的旧数据。图 2-18 是 RAM 块的框图，表 2-2 是各引脚的说明。

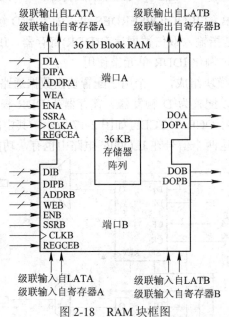

图 2-18 RAM 块框图

表 2-2 RAM 块各引脚说明

管 脚 名 称	管 脚 说 明
DIA、DIB	数据输入总线
DIPA、DIPB	数据输入总线之奇偶校验总线
ADDRA、ADDRB	地址总线
WEA、WEB	字节宽度写使能
ENA、ENB	当无效时，没有数据写入 Block RAM，输出总线保持原状态
SSRA、SSRB	锁存器或寄存器模式的同步设置/复位
CLKA、CLKB	时钟输入
DOA、DOB	数据输出总线
DOPA、DOPB	数据输出总线之奇偶校验总线
REGCEA、REGCEB	输出寄存器使能
CASCADEOUTLATA、CASCADEOUTLATB	若未使能可选输入寄存器，将输出引脚级联为 64 Kb×1 模式
CASCADEINLATA、CASCADEINLATB	若未使能可选输出寄存器，将输入引脚级联为 64 Kb×1 模式
CASCADEINREGA、CASCADEINREGB	若使能可选输入寄存器，将输入级联为 64 Kb×1 模式
CASCADEOUTREGA、CASCADEOUTREGB	若使能可选输出寄存器，将输出级联为 64 Kb×1 模式

习　题

1. 传统的 CPLD 基于乘积项产生逻辑功能，其结构特点是什么？传统 CPLD 的主要缺点是什么？

2. MAX Ⅱ 系列 CPLD 内部的 LAB 基于查找表 LUT(Look-Up Table)结构，该结构的概念是什么？

3. MAX Ⅱ 系列芯片的结构有何特点？

4. Virtex-5 系列芯片的结构有何特点？

5. SliceM 与 SliceL 的区别是什么？

6. 根据本章的定义，你认为应该如何区别 FPGA 与 CPLD？

第3章　数字电路 EDA 开发工具

【本章提要】本章以可逆计数器的设计过程为例，介绍 Mentor Graphics 公司提供的仿真工具 ModelSim 与 Altera 公司提供的 EDA 开发平台 Quartus Ⅱ 的使用方法。主要内容如下：

- ModelSim 的使用；
- Quartus Ⅱ 的使用；
- ModelSim 与 Quartus Ⅱ 的联合使用。

EDA 开发工具通常由器件生产厂家提供，如拥有 CPLD/FPGA 市场大量份额的 Altera 公司和 Xilinx 公司，都有专门针对各自公司芯片的开发平台，其中 Altera 公司成熟的开发工具是 Quartus Ⅱ，而 Xilinx 公司推广的开发工具是 ISE。这些 EDA 开发工具支持 EDA 开发过程的基本环节。其中某些环节如果使用第三方的 EDA 软件可以达到更好的设计效果，如 Altera 公司的 Quartus Ⅱ 在仿真环节可以引用 Mentor Graphics 公司的 ModelSim 软件进行更复杂的仿真设计。Xilinx 公司的 ISE 同样也提供了与 ModelSim 的接口。本章将介绍 Quartus Ⅱ 与 ModelSim 这两种 EDA 开发工具的基本使用方法及它们之间的联合使用方法。

3.1　ModelSim 的设计过程

ModelSim 是 Mentor Graphics 的子公司 Model Technology 开发的一款硬件描述语言仿真工具。由于 Mentor Graphics 公司为各个 FPGA/CPLD 生产厂商提供了专用版本的 ModelSim，各大 EDA 软件工具都为 ModelSim 预留了接口，因此 ModelSim 是各类专用仿真工具中应用较为广泛的一种。

3.1.1　新建工程与源文件

1．建立工程

打开 ModelSim 软件，选择菜单 File/New/Project，出现如图 3-1 所示的界面，输入工程名称及其保存的文件夹后，点击 OK 按钮，出现如图 3-2 所示的界面。

2．新建源文件

图 3-2 中，若当前工程无任何已建源文件，则点击 Create New File，出现如图 3-3 所示的窗口，在窗口中输入新建源文件的名称，并选择所用的编程语言。

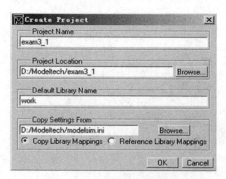

图 3-1　新建 ModelSim 工程

图 3-2　新建源文件

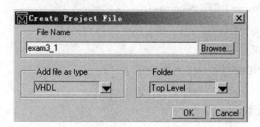

图 3-3　设置源文件名称与所用语言

设置好源文件名称与所用硬件描述语言后，出现如图 3-4 所示的界面。新建的两个 VHDL 源文件后的问号表示这些文件还未编译。

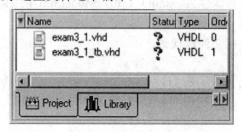

图 3-4　编译之前的 VHDL 源文件

双击其中任一文件之后，打开文本编辑器，开始输入源代码。本节以设计一个计数方向可逆的计数器为例，计数器的输出位数为 4 位，即 "q: BUFFER STD_LOGIC_VECTOR (3 DOWNTO 0);"。

4 位计数器的源文件如例 3-1 所示。

【例 3-1】　4 位计数器源文件。

```
LIBRARY IEEE;
USE IEEE.STD_LOGIC_1164.ALL;
USE IEEE.STD_LOGIC_UNSIGNED.ALL;
ENTITY exam3_1 IS
 PORT(clk   :IN STD_LOGIC;
     clr,en :IN STD_LOGIC;
    updown  :IN STD_LOGIC;
      q :BUFFER STD_LOGIC_VECTOR(3 DOWNTO 0):="0000");
```

```
END exam3_1;
ARCHITECTURE a OF exam3_1 IS
BEGIN
    PROCESS(clk)
    BEGIN
      IF clk'event AND clk='1' THEN
            IF clr='0' THEN
            q<="0000";
        ELSIF en='1' THEN
        IF updown='1' THEN q<=q+1;
        ELSE q<=q-1;
        END IF;
            END IF;
      END IF;
    END PROCESS;
END a;
```

这里我们使用 COMPONENT 例化语句将 exam3-1 的实体进行例化，具体语法请参阅第 4 章例化语句。这里的两个 vhd 文件都是工程中的文件，而工程名应该根据顶层文件保存，所以我们这里将工程名保存为 exam3_1_tb，ModelSim 所用的仿真测试文件源代码如例 3-2 所示。

【例 3-2】 仿真测试文件源代码。

```
LIBRARY IEEE;
USE IEEE.STD_LOGIC_1164.ALL;
ENTITY exam3_1_tb IS
END exam3_1_tb;
ARCHITECTURE a OF exam3_1_tb IS
COMPONENT exam3_1
PORT(clk :IN STD_LOGIC;
clr,en    :IN STD_LOGIC;
updown :IN STD_LOGIC;
q :OUT STD_LOGIC_VECTOR(3 DOWNTO 0));
END COMPONENT exam3_1;
SIGNAL clktmp,clrtmp,entmp,udtmp:STD_LOGIC;
BEGIN
clrtmp<='1','0' AFTER 600 ns,'1' AFTER 700 ns;
entmp<='1','0' AFTER 300 ns,'1' AFTER 500 ns;
udtmp<='1','0' AFTER 1000 ns;

PROCESS
```

```
BEGIN
clktmp<='1','0' AFTER 50 ns;
wait for 100 ns;
END PROCESS;
u1:exam3_1 PORT MAP(clk=>clktmp,clr=>clrtmp,en=>entmp,updown=>udtmp);
END a;
```

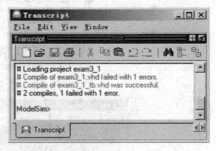

源代码输入结束并保存后，选择菜单 Compile/Compile All 对当前工程进行编译。编译过程中将对 VHDL 语言的语法语义进行检查，若发现错误将在 Transcript 窗口中用红色文字提示，如图 3-5 所示。双击红色文字，将会打开另一窗口对错误进行更详细的说明，该窗口说明了错误所在的源文件行数与错误的原因。根据提示对源文件进行修改后重新编译，一直到针对每个

图 3-5　编译过程中出现的错误提示

源文件都显示 "# Compile of *.vhd was successful." 说明当前工程中所有的源文件无语法语义方面的错误，但这种检查并不能说明当前工程的 VHDL 描述能实现预期的逻辑功能，还需进一步的仿真进行逻辑功能的验证。

3.1.2　ModelSim 仿真

选择菜单 Simulate/Start Simulation 开始进行仿真，出现如图 3-6 所示的窗口。点击该窗口中的 work 选项(work 库是用户自定义库，设计者自己编写的源文件都自动保存入该库)，再选择其中的仿真测试文件 exam3_1_tb，点击 OK 并稍等片刻后，进入如图 3-7 所示界面。

图 3-6　选择待仿真源文件

注意图 3-7 中开始仿真时，在 ModelSim 源界面的 Workspace 窗口中自动添加的标签 sim。在图 3-7 中，右键点击仿真测试文件 exam3_1_tb 内部的 "u1"，在弹出的菜单中选择 Add/Add To Wave，将仿真测试文件中的信号加入波形编辑器，出现图 3-8 所示界面。

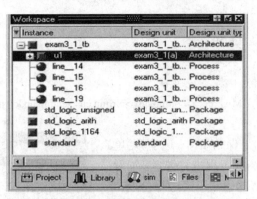

图 3-7　打开仿真测试文件准备仿真

图 3-8　将待仿真的信号加入波形编辑器

选择菜单 Simulate/Runtime Options，出现图 3-9 所示窗口，选择其中的 Default Run 框，在其中输入需要仿真的时间。本例设置了仿真时间为 2 μs，以便仿真时能够实现前 1000 ns 期间内是递增、后 1000ns 内是递减的效果。

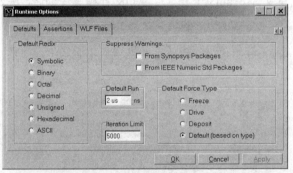

图 3-9　设置仿真时间

仿真时间设置结束后，选择 Simulate/Run 开始运行仿真，仿真结果如图 3-10 所示。

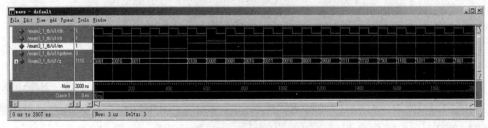

图 3-10　ModelSim 仿真结果

对图中的 updown 信号与 q 信号变化情况分析，可得出结论：该计数器能实现可逆计数功能。

3.2　Quartus Ⅱ的设计过程

Quartus Ⅱ通常采用 HDL 语言描述与原理图输入这两种输入方法，其基本的设计流程如图 3-11 所示。

图 3-11　Quartus　Ⅱ的设计流程

3.2.1　设计输入

Quartus Ⅱ设计输入的方法主要包括文本输入与原理图输入。本节以文本输入为例介绍软件的设计过程。

1．建立工程

Quartus Ⅱ是基于工程进行设计的，在设计开始前首先应建立工程，选择 File/New/New Project，图 3-12 所示为指定工程名称、顶层实体名称及其存放的文件夹名称的界面，本节建立的工作目录为 F:\quartus\exam3_2。

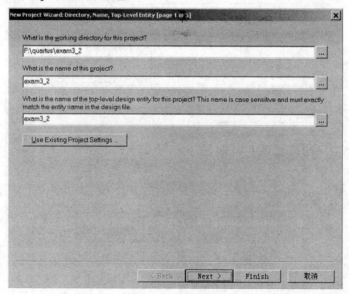

图 3-12　指定工程名及其存放的文件夹

点击"Next"按钮，进入如图 3-13 所示的界面，该界面用来将已有的设计输入文件加入新建的工程中。

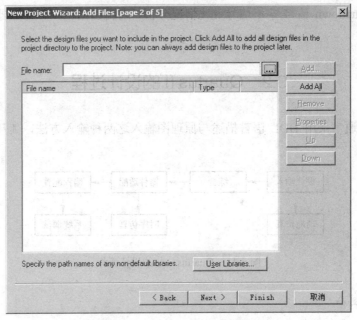

图 3-13　为工程加入已有的设计输入

　　点击图中的省略号按钮可选择指定路径下的设计输入文件。若建立工程时还未建立任何设计输入文件，则可点击 Next 进入如图 3-14 所示的下一界面。

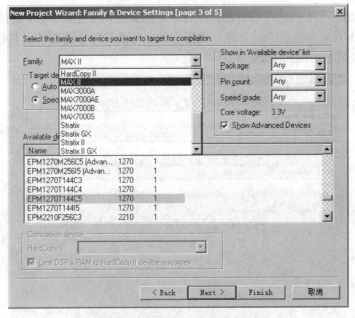

图 3-14　指定设计的目标器件

　　图 3-14 中选择了 MAX II 系列的 EMP1270T144C5 芯片。

　　继续点击 Next 按钮，进入的界面主要用来指定与 Quartus II 接口的第三方软件，本节的内容未使用第三方软件，因而这一界面不用选任何选项，直接点 Next 按钮进入下一界面，如图 3-15 所示。

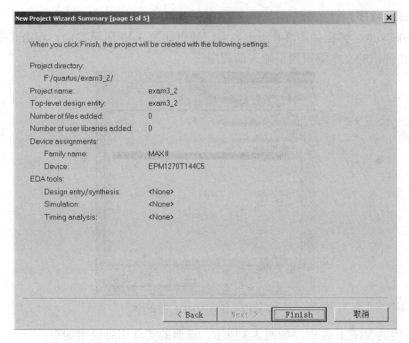

图 3-15　工程信息概况

　　该界面主要显示新建立的工程概况信息，包括工程保存的文件夹、工程名、顶层实体名称、已加入的文件与库的个数、所选择的目标器件的型号以及选取的第三方软件。在该界面点击 Finish 即可建立一个工程，并进入工程设计界面，如图 3-16 所示。

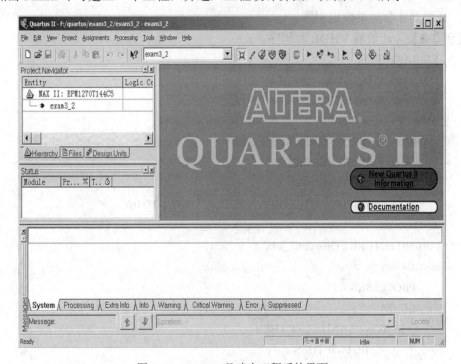

图 3-16　Quartus Ⅱ 建立工程后的界面

2．新建源程序

选择 File/New，弹出如图 3-6 所示界面，弹出如图 3-17 所示界面，双击其中的 VHDL File，然后在弹出的文本编辑器里输入源程序。

图 3-17　建立 VHDL 源程序

本节所用的 VHDL 源程序如例 3-3 所示。该例的实体引脚说明如下。

clk：计数器的输入时钟；

clr：同步清零输入引脚；

en：计数使能输入引脚；

updown：计数方向控制输入引脚；

q：计数器计数结果输出引脚。

【例 3-3】　计数器 VHDL 源程序。

```
LIBRARY IEEE;
USE IEEE.STD_LOGIC_1164.ALL;
USE IEEE.STD_LOGIC_UNSIGNED.ALL;
ENTITY exam3_2 IS
 PORT(   clk:IN STD_LOGIC;
         clr,en:IN STD_LOGIC;
     Updown :IN STD_LOGIC;
            q:BUFFER STD_LOGIC_VECTOR(7 DOWNTO 0));
END exam3_2;
ARCHITECTURE a OF exam3_2 IS
BEGIN
    PROCESS(clk)
    BEGIN
      IF clk'event AND clk='1' THEN
            IF clr='0' THEN
                q<="00000000";
```

```
        ELSIF en='1' THEN
                IF updown='1' THEN q<=q+1;
                ELSE q<=q-1;
                END IF;
            END IF;
        END IF;
    END PROCESS;
END a;
```

输入完成后，选择 File/Save 将源文件保存入文件夹 F:\quartus\exam3_2。操作时应注意要求顶层实体名与工程名保持一致，本节例子的顶层实体即为例 3-3 所示的计数方向可逆的计数器，因此该 VHDL 程序的实体名必须与工程名同为 exam3_2。

若要将其他文件加入该工程，可选择 Project Navigator 窗口底部的 Files 标签，并在 Device Design Files 选项上点击鼠标右键，选择 Add/Remove files in project，如图 3-18 所示。在随后弹出的窗口中选择指定文件夹中的所需文件，点击 OK 后即可将该文件加入当前的工程中。

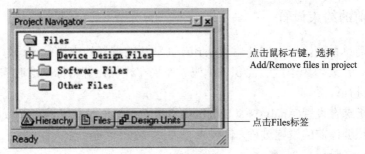

图 3-18 将新建的 VHDL 程序加入当前工程

3.2.2 编译

完成了工程建立并加入了所需的源文件后，即可进行编译。Quartus II 编译器的任务是将设计输入转换为用于编程下载、仿真输出的文件以及各类报告文件。编译器包含了一系列功能模块，这些功能模块包括分析综合工具(Analysis & Synthesis)、布局布线工具(Fitting)、编程配置文件产生工具(Assembler)、时序分析工具(Timing Analyzer)、网表文件产生工具(EDA Netlist Writer)等。它们既可以由编译器统一运行，也可以单独运行。

分析综合工具的作用是分析与综合。分析的目的是检查出当前整个设计中的语法语义错误，建立组成整个设计的各文件的联系。综合的目的是对当前的设计进行逻辑优化，并将设计输入转换为与器件内部硬件资源(如逻辑单元 LE)相对应的映射文件。

布局布线工具根据设计输入给出的逻辑关系对目标器件进行布局布线。默认情况下，布局布线的主要目标是满足设计者的时序约束要求，并且为了提高编译速度，在满足时序约束的前提下，布局布线过程中将自动关闭一些未被强制要求的优化步骤。

编程配置文件产生工具根据布线结果，将逻辑单元、引脚配置等转换为.pof、.sof、.hexout 等各类用于编程与配置的输出文件。

时序分析工具用来对当前设计的时序功能进行分析、调整与验证。时序分析工具运行的前提是分析综合与布局布线已经完成。

网表文件产生工具用来产生输出网表文件，以便 Quartus II 与第三方工具联合使用。

选择菜单 Processing/Start Compilation 即可开始编译，编译过程中有进度显示。若编译过程发现有错误，在 Messages 窗口内将有红色的文字提示错误的原因。当错误是由语法错误引起时，双击红色的文字，将自动跳转到出错的程序行或附近。如图 3-19 中所示，该行文字提示为一语法错误(syntax error)，双击该行文字后跳转到程序中观察，发现是少了一个引号引起的错误，在正确的位置增加一个引号后重新编译，若无错误，则显示编译完成。

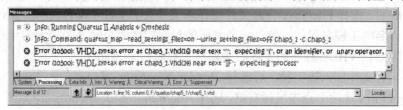

图 3-19　编译过程中给出的错误提示

3.2.3　编译前的约束设置

对于一些简单系统，可直接使用 Quartus II 默认的编译约束进行编译，但对一些复杂的 FPGA 系统，需要考虑速度、面积、编码、布局布线优化等指标，这时需要设计者首先对有关的选项进行设置。

本节以分析综合设置(Analysis & Synthesis Settings)与布局布线设置(Fitter Settings)这两类设置为例介绍编译前的设置过程。

1. 分析综合设置(Analysis & Synthesis Settings)

选择菜单 Assignments/Settings，弹出如图 3-20 所示的界面，该界面用于编译前各项参数的设置。

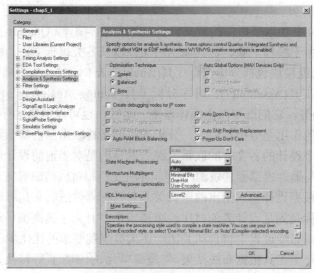

图 3-20　设置分析综合参数的界面

点击窗口左边列表中的 Analysis & Synthesis Settings，在右边的 Optimization Technique 区域，可以指定编译过程中进行优化时优先考虑速度还是面积，或者是二者的平衡考虑。当选择 Speed 时，表示在综合时主要考虑的目标是实现最快的稳定工作频率；当选择 Area 时，表示在综合时主要考虑综合目标是占用的 FPGA/CPLD 片内逻辑资源最少；当选择 Balanced 时，表示同时考虑速度与面积优化，此时与优先考虑速度相比，综合的结果将使得芯片的最高工作频率比优先考虑速度要慢，但所消耗的逻辑资源比优先考虑速度要少。

当所设计的系统包含状态机时，需要考虑状态机的编码方式。在图 3-20 右边，有一 State Machine Processing 选项，其下拉选项中有 Auto、Minimal Bits、One-Hot 与 User-Encoded 四项。Auto 表示编译器自动选择最适合当前设计的编码方式；Minimal Bits 表示选择比特位最少的编码方式；One-Hot 表示以一位热码编码方式对状态机进行编码；User-Encoded 表示以用户指定的方式对状态机进行编码。

注意，其中的 One-Hot 编码本义是指对 M 个状态的状态机，综合时采用 M 个触发器来表示各状态，当处于某个状态时，相应的触发器输出有效电平，而其他触发器无效。但 Quartus Ⅱ中的 One-Hot 编码方式与真正的 One-Hot 编码方式稍有不同，当处于复位状态时，Quartus Ⅱ所用的 One-Hot 编码所有位均为零；当处于其他非复位状态时，必须有两位设置为有效的高电平，而其他各位为零。这是为了保证状态机在刚上电时处于复位状态，而其他状态下的编码与真正的 One-Hot 编码(即每一状态只有一位为高电平)是等效的。

2．布局布线设置(Fitter Settings)

图 3-20 所示的界面中，选择左边列表中的 Fitter Settings，打开布局布线参数设置界面，如图 3-21 所示。

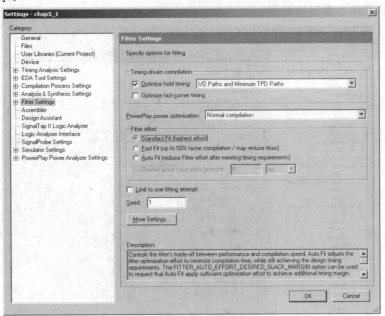

图 3-21　设置布局布线参数的界面

图 3-21 右边的 Timing_driven compilation 区域用来设置编译器采用时序驱动的编译模式，这种编译模式是 Quartus Ⅱ默认的模式，它要求布局布线过程中根据设计者选定的方

法安排逻辑单元以满足建立时间、最大工作频率等时序要求。

Timing_driven compilation 区域的 Optimize hold timing 选项用来指定保持时间优化的范围，有两个选项：I/O Paths and Minimum TPD Paths 与 All Paths。I/O Paths and Minimum TPD Paths 选项要求的保持时间优化的范围包括从 I/O 管脚到寄存器的保持时间 TH、从寄存器到 I/O 管脚的 TCO(clock to output delay)时间、从 I/O 管脚或寄存器到其他 I/O 管脚或寄存器之间的最小 TPD(pin-to-pin delay)时间。All Paths 选项的优化范围除了以上三种外，增加了寄存器到寄存器的保持时间约束。

图 3-21 右边的 Fitter effect 区域用来设定布局布线器(Fitter)为提高系统工作频率而进行的优化程度。有三种选项：标准模式(Standard Fit)、快速模式(Fast Fit)、自动模式(Auto Fit)。标准模式表示尽可能地进行布局布线优化以达到最高的工作频率，这种模式所花的编译时间在三种模式中是最长的。快速模式下以提高编译速度为主要目标，只对布局布线作一般性的优化，这种模式最快能将编译时间缩短一半，相应的最高工作频率也下降约 10%。注意，快速模式不支持 FLEX 6000、MAX 3000 和 MAX 7000 这三个系列的芯片。自动模式的布局布线优化在满足设计者的时序要求与布线要求之后就降低优化程度，因而也能降低编译时间。

3.2.4　仿真前的参数设置

仿真前设置波形参数的具体步骤如下：

(1) 选择菜单 Tools/Options。

(2) 在如图 3-22 所示的界面中，选择左侧 Category 列表中的 Waveform Editor 选项，打开波形编辑器的参数设置界面。

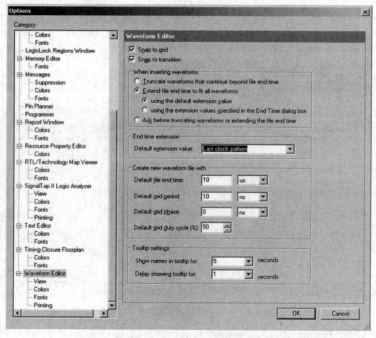

图 3-22　仿真前设置波形编辑器参数

(3) 如果需要修改某信号电平时的最小单位为一格，则选中 Snap to grid。

(4) 如果需要修改某信号电平时的最小单位为时钟的边沿，则选中 Snap to transition。当 Snap to grid 和 Snap to transition 项都不选中时，信号电平的修改范围可以任意选择。

(5) When inserting waveforms 区域的选项用来指定在已知的波形文件中插入波形时，是否需要自动延长仿真的时间或者直接忽略结束时间以后的仿真内容。

(6) 当需要修改仿真的默认结束时间时，选择 Default file end time 并进行设置。当需要修改仿真波形文件中的每格时间长度时，选择 Default grid period 并进行设置。

仿真终止时间的设置也可以在打开波形编辑器后，选择菜单 Edit/End Time 进行设置。

3.2.5　仿真

在编译结束且无任何语法语义错误后，可以通过仿真来验证当前的设计输入是否能够满足预期的逻辑功能。仿真分功能仿真(Functional)与时序仿真(Timing)。功能仿真是在综合、布局布线之前进行的仿真，只验证逻辑功能，不考虑时序要求，能够对当前设计中所有节点进行验证。功能仿真的初始输入数据可以使用 Tcl 命令或波形文件(.vwf)或输入向量文件(.vec)。时序仿真使用的网表文件是经过综合、布局布线产生的，这样的网表文件针对指定的具体芯片，包含了预估的或实际的时序信息，因此时序仿真既能验证逻辑功能，也能验证当前的设计应用于某具体芯片时能否满足时序要求。

此外，Quartus Ⅱ还提供了一种仿真模式：使用快速时序模型的时序仿真(Timing Using Fast Timing Model)。这种仿真模式使用了一种快速的时序模型，针对芯片的最快速度级别，仿真芯片运行时采用最快的时序要求，这种仿真还要求必须事先运行快速仿真模型分析。

仿真的具体步骤如下。

(1) 建立波形文件：选择菜单 File/New，弹出如图 3-23 所示的新建文件窗口，选择 Other Files 标签，再选择 Vector Waveform File，即可新建一个波形文件。

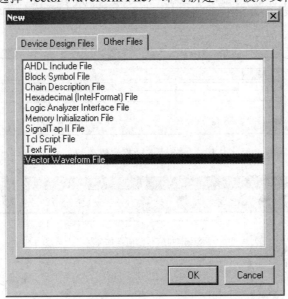

图 3-23　新建波形文件

(2) 选择 View/Utility Windows/Node Finder，弹出如图 3-24 所示的窗口，在窗口的 Filter 框中选择 Pins:all，点击 List 按钮，在下方的窗口中将出现当前设计中所有的 I/O 管脚，选中其中要仿真观察的引脚，按住左键将其拖入刚才新建的波形文件中。

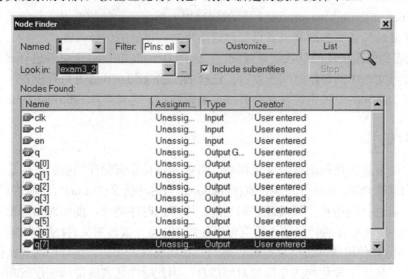

图 3-24　显示所有的 I/O 引脚

(3) 在图 3-25 中，设置仿真前的输入信号。Quartus II 提供了波形编辑工具栏，用来对输入信号的初始取值进行设置，如图 3-26 所示。本节需设计一个带使能信号、清零信号、方向可逆的计数器，为了验证这些输入信号能否满足逻辑要求，需按以下步骤进行仿真前的输入信号设置。

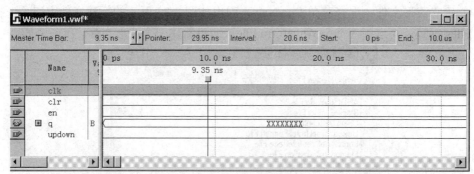

图 3-25　进入波形编辑界面

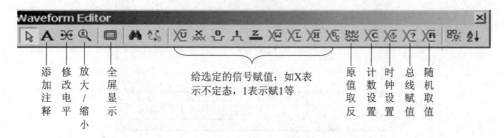

图 3-26　波形编辑工具栏

① 设置时钟频率(参见图 3-25)：选中 clk 这一行，点击波形编辑工具栏的计数设置按钮(见图 3-26)，弹出如图 3-27 所示的窗口。在图 3-27 中，设置仿真时间范围为 5 μs，时钟周期(Period)为 100 ns，占空比为 50%，即输入时钟为方波。

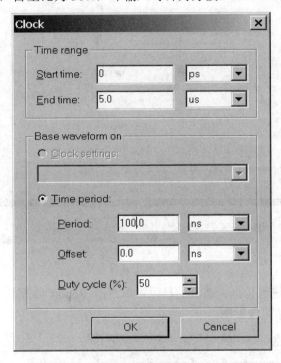

图 3-27　时钟设置

② 验证清零信号是否有效：首先点中 clr 信号，点击波形编辑工具栏中的置 1 按钮，使整个仿真时间 clr 为高电平，然后任意选择某时间段使清零信号 clr 为低电平。本例为低电平同步清零，可在时间段 480～600 ns 期间设置 clr 为低电平。仿真结果若符合逻辑要求，则该段时间内经时钟同步后的计数输出 q 应为 0。

③ 验证使能信号是否有效：首先点中 en 信号，点击波形编辑工具栏中的置 1 按钮，使整个仿真时间 en 为高电平，然后任意选择某时间段使使能信号 en 为低电平。本例为 en 高电平使能计数器，可在时间段 200～275 ns 期间设置 en 为低电平。仿真结果若符合逻辑要求，则该段时间内时钟同步后的计数输出 q 应保持不变，即未能正常计数。

④ 验证计数方向控制信号是否有效：将 updown 信号从开始到 680 ns 设置为高电平，之后设置为低电平，仿真结果若符合功能要求，则 680 ns 之前应为递增计数，之后应为递减计数。

(4) 设置完成后，保存当前波形文件为.vwf 文件，并选择菜单 Processing/Simulator Tool，弹出如图 3-28 所示界面。图 3-28 的上部有 Simulation mode 选框，可以在功能仿真、时序仿真、快速时序仿真三种仿真模式之间切换。若要进行时序仿真，需要首先产生功能仿真的网表文件。选择按钮 Generate Functional Simulation Netlist 即可产生用于功能仿真的网表文件。时序仿真不需这一步骤。

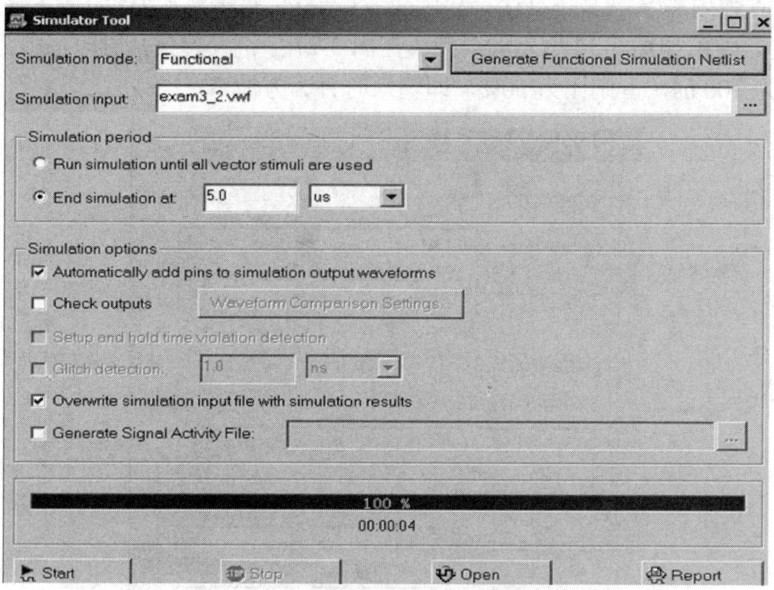

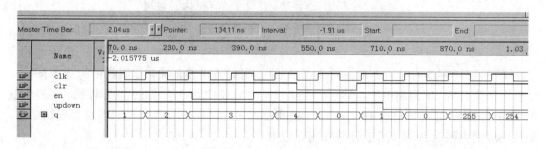

图 3-28　仿真工具设置界面

　　点击 Start，即可进行仿真。仿真的结果可以点击 Report 按钮进行观察分析，图 3-29 所示即为本例的仿真结果波形图。

图 3-29　仿真结果波形图

　　从图 3-29 可以看出，在 updown="1"期间，计数器是递增计数的，在此期间由于当计数到 3 时 en 为低电平无效，在 en 恢复为有效高电平之前计数输出保持为 3 不变；当计数到 4 时，由于清零信号 clr="0"，低电平清零，因此输出由 4 直接清为 0，之后递增到 1。递增计数到 1 后，updown="0"，开始递减计数，并且本节的例子中计数器输出 q 为 8 位，因此从 1 减为 0 之后再减，就输出 8 位的最大值 255 了。之后每来一个时钟脉冲，计数器减 1。根据以上这些分析，可以认为本节所编写的 VHDL 程序满足了预期的逻辑要求。

3.2.6　引脚分配

　　当仿真确认能够满足预期的逻辑功能之后，可以将 Assembler 产生的编程文件下载至 FPGA/CPLD 芯片，下载之前，首先要进行引脚的分配。

　　选择 Assignment/Pins，打开如图 3-30 所示的界面。

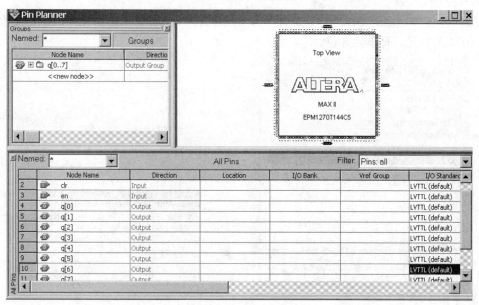

图 3-30　引脚分配界面

在 Location 一栏选择某信号要分配的引脚，I/O Standard 用来设置引脚的电平标准。

引脚分配后需重新编译才能产生所需的编程下载文件。可打开 Tools/Programmer 进行编程操作。

3.3　Quartus Ⅱ 与 ModelSim 联合仿真

前已述及，很多 EDA 开发工具为 ModelSim 预留了接口，以便在仿真时能够直接打开 ModelSim 进行高性能的仿真。本节将以 Quartus Ⅱ 与 ModelSim 的联合使用为例，介绍 EDA 开发工具如何与 ModelSim 接口。此外，为了进一步介绍 Quartus Ⅱ 的使用方法，本节的例子是采用 Quartus Ⅱ 的 IP 工具 MegaWizard 定制 ROM 存储器来实现一个正弦波，用 ModelSim 对该正弦波发生器进行仿真，并观察正弦波形。

本节的设计思路是：

(1) 设计 ROM，可以用 VHDL 编程，也可以直接使用 Quartus Ⅱ 的 IP 管理工具 MegaWizard Plus-In Manager 定制一个 ROM。

(2) 设定正弦波一个周期的点数，如 1024 点，将每一点数据都保存至 ROM。

(3) 设计一个 1024 进制的计数器，计数器的输出作为访问 ROM 的地址输入，计数器的计数时钟同时也是 ROM 的读信号。

(4) 在时钟控制下，ROM 的数据输出引脚 q 输出正弦波各点的数据，经 DAC 实行 D/A 后可观察到正弦波形。

3.3.1　存储器初始化文件

选择 File/New，出现图 3-31 所示的窗口，点击其中的 Other Files 标签，选择 Memory

Initialization File，点击 OK，出现如图 3-32 所示的窗口，图中设置了 ROM 的存储空间大小为 1024 个单元，每单元 8 位。

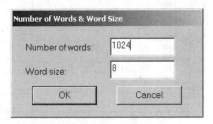

　图 3-31　新建存储器初始化文件　　　　　　　图 3-32　设置 ROM 的字长与单元数

继续点击 OK 按钮，出现如图 3-33 所示的界面，该图中左边部分为 ROM 未存入数据前的内容，右边部分为将正弦波 1024 点数据存储至 ROM 后的界面。表格的每一格都代表 ROM 的一个单元，其单元地址为行首数加上列数，如第二行行首数为 8、第 7 列的格中数据为 131，即 ROM 的 000FH 地址单元(8+7=15 的 16 进制表示)的数据为 131。

Addr	+0	+1	+2	+3	+4	+5	+6	+7
0	0	0	0	0	0	0	0	0
8	0	0	0	0	0	0	0	0
16	0	0	0	0	0	0	0	0
24	0	0	0	0	0	0	0	0
32	0	0	0	0	0	0	0	0
40	0	0	0	0	0	0	0	0
48	0	0	0	0	0	0	0	0
56	0	0	0	0	0	0	0	0

Addr	+0	+1	+2	+3	+4	+5	+6	+7
0	131	208	255	255	208	131	54	6
8	6	54	131	208	255	255	208	131
16	54	6	6	54	131	208	255	255
24	208	131	54	6	6	54	131	208
32	255	255	208	131	54	6	6	54
40	131	208	255	255	208	131	54	6
48	6	54	131	208	255	255	208	131
56	54	6	6	54	131	208	255	255

图 3-33　.mif 文件表格

正弦波 1024 点数据可以由高级语言(如 Matlab)编程得到。由于数据较多，若逐一地为每个单元输入数据是不现实的。一般采取直接复制的方法，即在高级语言产生的数据文件中复制所有数据，选择 Edit/Paste(或在表格中单击右键，在快捷菜单中选择 Paste)即可将所有数据一次性存入。

将以上文件保存为*.mif 文件后，可以在 MegaWizard Plus-In Manager 定制 ROM 的过程中直接加以调用，为定制的 ROM 提供初始化的数据。

3.3.2　MegaWizard Plus-In Manager 定制 ROM

Quartus Ⅱ的 Mega Wizard Plus-In Manager 是 IP 管理工具，用来方便设计者定制与使用 Altera 提供的宏功能(Megafunction)模块，其中包括了 LPM 参数化模块库。Mega Wizard Plus-In Manager 采用问答的形式引导设计者选择宏功能模块所需的引脚并定义各个参数值。Mega Wizard Plus-In Manager 引导设计者定制结束后，能够自动产生元件声明文件.cmp，该文件可以被 VHDL 程序直接使用。此外还能产生例化文件-inst.vhd，该文件说明了所例化的模块名与引脚声明。

选择菜单 Tools/MegaWizard Plus-In Manager，出现图 3-34 所示的窗口，根据需要选择新建(Create)、编辑(Edit)、复制(Copy)宏功能模块。本节选择 Create a new custom megafunction variation 新定制宏功能模块。选择 Next 打开 MegaWizard Plus-In Manager 界面 2，如图 3-35 所示。

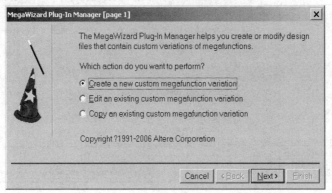

图 3-34　新建、编辑或复制宏功能模块

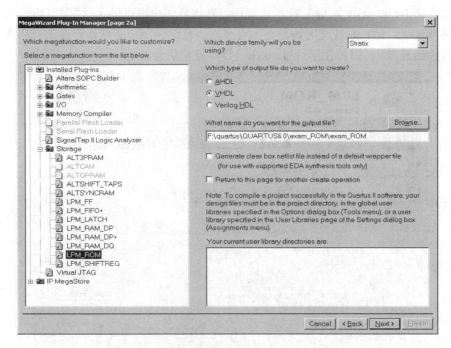

图 3-35　选择宏功能、芯片、语言、存放路径

图 3-35 中，选择所用芯片为 Stratix，所用语言为 VHDL，设置宏功能模块定制后存放的路径，再选择左侧列表中的 Storage/LPM_ROM，准备定制一个 ROM 模块。

点击 Next 后出现图 3-36 所示界面，在图中设置存储器的单位位宽为 8 位，共有 1024 个单元。

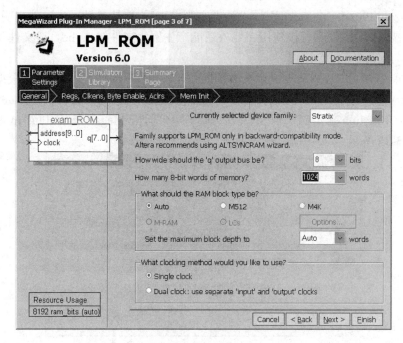

图 3-36　设定 ROM 的位宽与单元数

　　继续点击 Next，出现如图 3-37 所示界面，在该界面中可以设置所需的 I/O 引脚。由于作为存储器来说，地址总线与时钟是必不可少，因此这两部分是默认存在的。可选择的管脚主要有输出管脚 q、时钟使能信号 clken、异步复位信号 aclr。

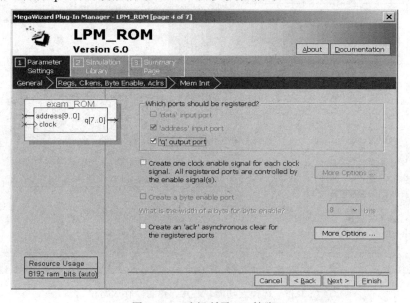

图 3-37　选择所需 I/O 管脚

　　引脚设置完毕后，点击 Next，进入图 3-38 所示界面，这一界面主要用来设置存储器的初始化内容。点中 "Yes,Use the file for the memory content data" 选项，再点击 Browse 按钮，找到 3.3.1 节新建的*.mif 文件并确定，即可指定存储器的初始数据。

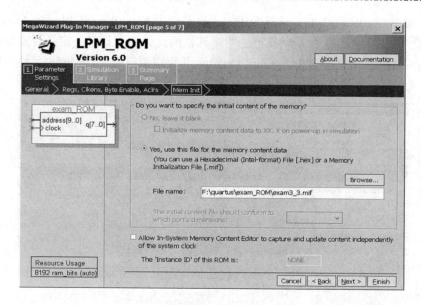

图 3-38　选择初始化数据文件.mif

确定 ROM 的初始数据之后，为了便于仿真，需要指定相应的仿真(参见图 3-39)，一般常用的仿真库有 altera_mf.vhd、220model.vhd。另外仿真时针对不同的芯片也有相应的仿真库，例如当使用 Stratix 系列 FPGA 时，将使用 stratix_atoms.vhd 库。

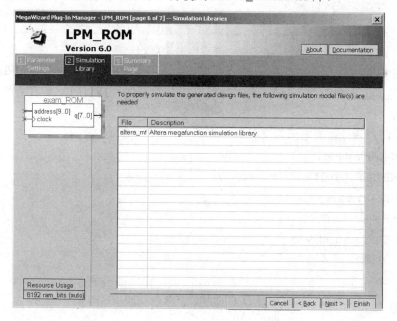

图 3-39　指定仿真库

以上这些库的存放位置为 Quartus Ⅱ 安装文件夹\eda\sim_lib。Quartus Ⅱ 仿真时会自动调用所需的库，而 ModelSim 仿真时由于与 Quartus Ⅱ 不在同一文件夹，有时会发生找不到仿真库的情况，这时只需要在仿真之前将所用到的仿真库复制到当前的工程所在的文件夹并进行编译，然后进行仿真即可。

设定仿真库后进入图 3-40，该界面用来选择希望由 MegaWizard Plus-In Manager 产生的文件类型，其中*.vhd 文件是默认产生的，其他的文件由设计者决定是否需要产生。这些文件包括 VHDL 语言包含文件*.inc、Quartus Ⅱ 原理图符号文件*.bsf、元件声明示范文件*.cmp、元件例化示范文件*_inst.vhd。

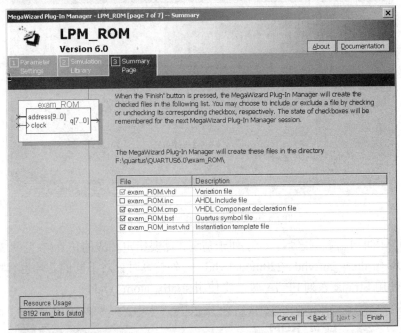

图 3-40　指定产生各类文件

选择 Finish 按钮完成 IP 的新建。在当前工程文件夹内找到由 MegaWizard Plus-In Manager 产生的宏函数文件*.vhd，该文件可以被其他模块直接引用。本节所产生的宏函数文件如例 3-4 所示。

【例 3-4】　ROM 的宏函数文件。

```
LIBRARY IEEE;
USE IEEE.STD_LOGIC_1164.all;
LIBRARY altera_mf;
USE altera_mf.all;
ENTITY exam_ROM IS
    PORT
    (
        address    : IN STD_LOGIC_VECTOR (9 DOWNTO 0);
        clock      : IN STD_LOGIC ;
        q          : OUT STD_LOGIC_VECTOR (7 DOWNTO 0)
    );
END exam_ROM;
ARCHITECTURE SYN OF exam_rom IS
    SIGNAL sub_wire0    : STD_LOGIC_VECTOR (7 DOWNTO 0);
```

```
COMPONENT altsyncram
GENERIC (
        address_aclr_a    : STRING;
        init_file         : STRING;
        intended_device_family: STRING;
        lpm_hint          : STRING;
        lpm_type          : STRING;
        numwords_a        : NATURAL;
        operation_mode    : STRING;
        outdata_aclr_a    : STRING;
        outdata_reg_a     : STRING;
        widthad_a         : NATURAL;
        width_a           : NATURAL;
        width_byteena_a   : NATURAL);
    PORT (
            clock0        : IN STD_LOGIC ;
            address_a     : IN STD_LOGIC_VECTOR (9 DOWNTO 0);
            q_a           : OUT STD_LOGIC_VECTOR (7 DOWNTO 0));
    END COMPONENT;
BEGIN
    q      <= sub_wire0(7 DOWNTO 0);
    altsyncram_component : altsyncram
    GENERIC MAP (
        address_aclr_a => "NONE",
        init_file => "exam3_3.mif",
        intended_device_family => "Stratix",
        lpm_hint => "ENABLE_RUNTIME_MOD=NO",
        lpm_type => "altsyncram",
        numwords_a => 1024,
        operation_mode => "ROM",
        outdata_aclr_a => "NONE",
        outdata_reg_a => "CLOCK0",
        widthad_a => 10,
        width_a => 8,
        width_byteena_a => 1)
    PORT MAP (clock0 => clock,
        address_a => address,
        q_a => sub_wire0);
END SYN;
```

3.3.3　Quartus Ⅱ 与 ModelSim 联合仿真

Quartus Ⅱ 为 ModelSim 预留了接口，通过设置，可以使 Quartus Ⅱ 编译结束后自动调用 ModelSim 并进入仿真状态，而单独使用 ModelSim 时的建立工程、加入源文件、建立库等工作都不需设计者专门去做了。

Quartus Ⅱ 与 ModelSim 联合仿真的基本步骤如图 3-41 所示。

图 3-41　Quartus Ⅱ 与 ModelSim 联合仿真基本步骤

为了使 Quartus Ⅱ编译结束后自动调用 ModelSim，需要在新建 Quartus Ⅱ 的最后一步指定第三方仿真工具，如图 3-42 所示。图中选择 EDA simulation tool,在下拉选项中选择 ModelSim，并且在 Format 栏选择 VHDL，最后勾选 Run Gate Level Simulation automatically after compilation 选项，点击 Finish 即可完成设置。

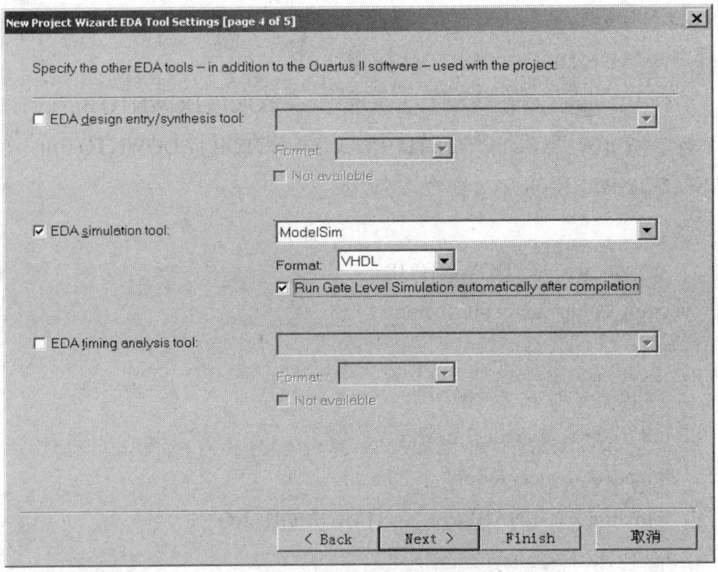

图 3-42　设置 Quartus Ⅱ 自动调用 ModelSim

本节所举例程在 Quartus Ⅱ 中的具体设计步骤为：

(1) 首先新建 Quartus Ⅱ 工程，按照图 3-41 的要求进行设置。

(2) 按 3.3.1 节所示方法建立一个存储器初始化文件*.mif，保存在当前工程所在的文件夹中。

(3) 按 3.3.2 节所示方法用 MegaWizard Plus-In Manager 定制一个存储内容为 1024 点正弦数据的 ROM，所有定制产生的文件保存在当前工程所在的文件夹中。

(4) 编写源程序如例 3-5 所示，加入当前工程。

【例 3-5】　ROM 源程序。

```
LIBRARY IEEE;
USE IEEE.STD_LOGIC_1164.ALL;
```

USE IEEE.STD_LOGIC_UNSIGNED.ALL;

ENTITY sin IS

PORT(clk　:IN STD_LOGIC;

　　　dout:OUT STD_LOGIC_VECTOR(7 DOWNTO 0));

END sin;

ARCHITECTURE dacc OF sin IS

COMPONENT exam_rom

　PORT(address :IN STD_LOGIC_VECTOR(9 DOWNTO 0);

　　　　clock　:IN STD_LOGIC;

　　　　Q　　: OUT STD_LOGIC_VECTOR(7 DOWNTO 0));

END COMPONENT;

　　SIGNAL qtmp:STD_LOGIC_VECTOR(9 DOWNTO 0);

　　BEGIN

　　PROCESS(clk)

　　BEGIN

　　IF CLK'EVENT AND CLK ='1' THEN qtmp<=qtmp+1;

　　END IF;

　END PROCESS;

　　u1:exam_rom PORT MAP(address=>qtmp, q=>dout,clock=>clk);

　　END;

(5) 对当前工程进行编译，编译结束后进入 ModelSim。

图 3-43 是 Quartus II 编译后自动打开 ModelSim 后的界面。图中显示，ModelSim 的用户自定义库 work 已经建立并加入了源文件(本节所用例子源文件为 sin.vhd)，并且 Quartus II 编译之前确定的 FPGA 芯片 stratix 的仿真库也已经加入到了当前的 ModelSim。

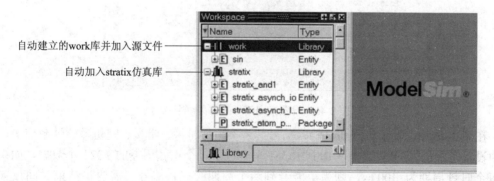

图 3-43　Quartus II 编译后自动打开 ModelSim 后的界面

选择菜单 Simulate/Start Simulaiton，弹出如图 3-44 所示界面，选择其中的 sin，即本节所用例子的实体，点击 OK，出现图 3-45 所示的 Objects 窗口，在该窗口中单击右键并在快捷菜单中选择 clk，即本节所用例子的时钟信号，在弹出的下拉菜单中选择 CreateWave 后，出现如图 3-46 所示界面。

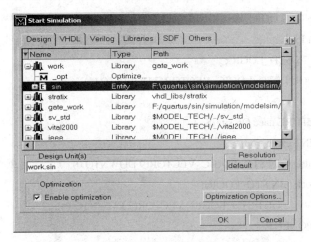

图 3-44　选择仿真实体

图 3-45　Objects 窗口

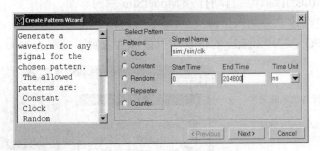

图 3-46　设置指定信号的仿真结束时间

在图 3-46 中，需要设置仿真输入信号的种类，如时钟、常量、随机数、计数值等，本例中设置时钟信号 clk，并且考虑到 ROM 里存放了一个正弦周期的 1024 个数据，如果设置每个时钟周期为 100 ns，则为了能看到两个周期的正弦信号，需要将结束时间设置为 204800 ns。

继续点击 Next，在出现的如图 3-47 所示的窗口中，设置时钟的初始值、时钟周期、占空比。设置完成后，在弹出的波形编辑器里可以看到 clk 信号已经产生了时钟信号。在图 3-45 所示的界面里选中其中的 dout 信号，这是整个正弦发生器的输出信号，在单击右键弹出的快捷菜单中选择 Add to Wave\Selected SIGNALs，将 dout 信号也加入到波形编辑器中准备观察仿真输出结果，设置完成后如图 3-48 所示。

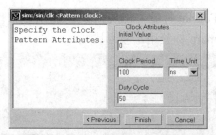

图 3-47　设置时钟的初始值与时钟周期

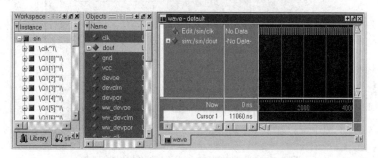

图 3-48　将仿真信号加入波形编辑器的界面

在 ModelSim 软件界面中找到如图 3-49 所示的仿真工具栏，在其中输入仿真时间，并点击开始仿真按钮，即可进行仿真。需要重新开始仿真时可点击相应的按钮。

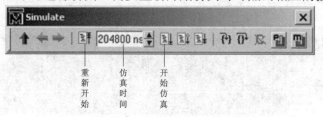

图 3-49　Simulate 工具栏设置仿真时间

点击"开始仿真"按钮等待仿真结束后，在图 3-48 所示的波形编辑器内用右键点击 dout，在弹出的快捷菜单中选择 Properties，出现如图 3-50 所示的窗口。在其中的 View 标签下选择 dout 以何种形式显示，如以无符号数、二进制数、十六进制等形式出现，该标签也可设置指定信号的颜色。

图 3-50　波形参数设置

继续点击图 3-50 中的 Format 标签，出现如图 3-51 所示窗口，在该窗口设置波形的高度、偏移与缩放比例。Compare 标签用于波形比较。

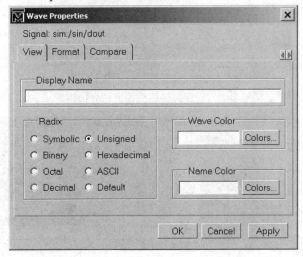

图 3-51　设置波形的高度、偏移与缩放比例

经过以上设置后，仿真波形如图 3-52 所示。

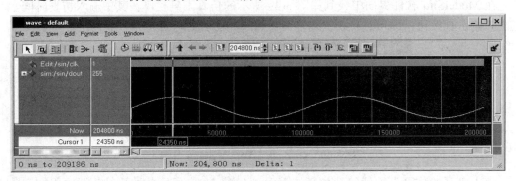

图 3-52　仿真得到的两个周期的正弦信号

选择 Quartus Ⅱ 菜单 Tools/Netlist Viewer/RTL Viewer,可以观察当前工程的逻辑结构图，如图 3-53 所示。从图中可以看出，时钟信号控制计数器输出递增的计数值，这些计数值与定制 ROM 的地址线 address 相连，在时钟信号的驱动下，ROM 内的数据输出，在数据输出端 dout 输出正弦信号。

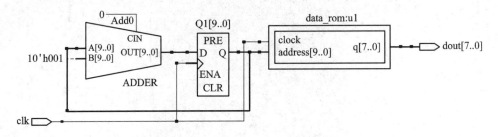

图 3-53　观察到的 RTL 结构图

3.4　ISE Design Suite 集成开发环境

ISE Design Suite 是 Xilinx 公司提供的 FPGA 设计工具套装，涉及 FPGA 设计的各个应用方面，包括逻辑开发、数字信号处理系统以及嵌入式系统开发等 FPGA 开发的主要应用领域，其主要功能如图 3-54 所示。

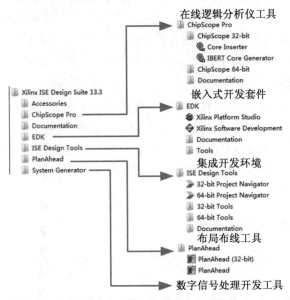

图 3-54　ISE Design Suite 功能简介

3.4.1　ISE Design Suite 各功能模块简介

1. ISE Foundation 软件

ISE Foundation 软件是 Xilinx 公司推出的 FPGA/CPLD 集成开发环境，不仅包括逻辑设计所需的一切，还具有简便易用的内置式工具和向导，使得 I/O 分配、功耗分析、时序驱动设计收敛、HDL 仿真等关键步骤变得容易而直观。

2. 嵌入式设计工具 EDK 软件

嵌入式设计工具(Embedded Design Kit，EDK)是 Xilinx 公司推出的 FPGA 嵌入式开发工具，包括嵌入式硬件平台开发工具(Xilinx Platform Studio，XPS)、嵌入式软件开发工具。EDK 支持嵌入式 IBM PowerPC 硬处理器核(新版本支持 ARM Cortex-A9 硬核处理器)、Xilinx MicroBlaze 软处理器核以及开发所需的技术文档和 IP，为设计嵌入式可编程系统提供了全面的解决方案。

3. System Generator 软件

Xilinx 公司推出了简化 FPGA 数字处理系统的集成开发工具 System Generator，快速、简易地将 DSP 系统的抽象算法转化成可综合的、可靠的硬件系统，为 DSP 设计者扫清了编程的障碍。System Generator 和 Mathworks 公司的 Matlab 软件中的 Simulink 工具箱可以实现无缝链接。

4. ChipScope Pro 软件

Xilinx 公司推出了在线逻辑分析仪,通过软件方式为用户提供稳定和方便的解决方案。该在线逻辑分析仪不仅具有逻辑分析仪的功能,而且成本低廉、操作简单,因此具有极高的实用价值。

ChipScope Pro 既可以独立使用,也可以在 ISE 集成环境中使用,非常灵活,为用户提供方便和稳定的逻辑分析解决方案,支持 Spartan 和 Virtex 全系列 FPGA 芯片。

ChipScope Pro 将逻辑分析仪、总线分析仪和虚拟 I/O 小型软件核直接插入到用户的设计当中,可以直接查看任何内部信号和节点,包括嵌入式硬或软处理器。

5. PlanAhead 软件

PlanAhead 工具简化了综合与布局布线之间的设计步骤,能够将大型设计划分成较小的、更易于管理的模块,并集中精力优化各个模块。此外,还提供了一个直观的环境,为用户设计提供原理图、平面布局规划或器件图,可快速确定和改进设计的层次,以便获得更好的结果和更有效地使用资源,从而获得最佳的性能和更高的利用率,极大地提升了整个设计的性能和质量。

3.4.2 ISE Foundation 软件介绍

下面重点介绍一下 FPGA 开发最常用的集成环境 ISE Foundation。ISE Foundation 的主界面如图 3-55 所示。

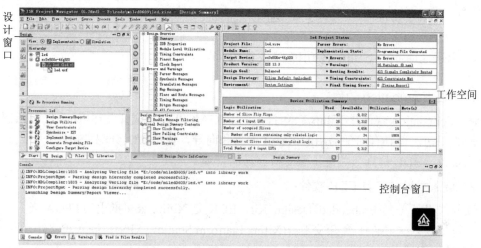

图 3-55 ISE Foundation 主界面

在 ISE Foundation 主界面窗口的左上面是设计(Design)窗口,如图 3-56 所示,其中包括 Start、Design、Files 和 Libraries 面板。主界面下方是控制台(Console)窗口,上右侧是工作空间。通过选择不同的窗口来显示和访问工程的源文件,以及对当前所选择源文件的运行处理。

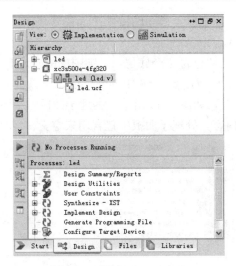

图 3-56　设计(Design)窗口

1．设计(Design)窗口

1) 设计(Design)面板

设计面板包括 View、Hierarchy 和 Processes 三个子面板。

(1) View 子面板。如图 3-57 所示，View 子面板的单选按钮使设计者能在层次(Hierarchy)面板下查看与实现(Implementation)或者仿真(Simulation)设计流程相关的源文件模块。

图 3-57　View 子面板

如图 3-58 所示，如果设计者选择了仿真，则必须从下拉框中选择一个仿真的阶段：Post-Translate(综合后)、Post-Map(映射后)、Post-Route(布线后)。通常我们只进行 Post-Translate(综合后)仿真。

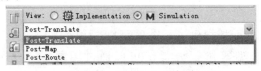

图 3-58　Simulation 选项

(2) 层次(Hierarchy)子面板。如图 3-59 所示，层次子面板显示了工程的名字、目标器件、用户文档和与 View 面板选择设计流程相关的设计源文件。在设计面板中，允许设计者只查看与所选择设计流程(实现或者仿真)相关的那些文件。

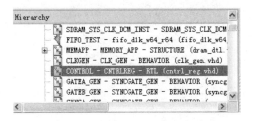

图 3-59　层次(Hierarchy)子面板

层次子面板中的每个文件都有一个相关的图标。图标表示了文件的类型(HDL 文件、原理图、IP 核或者文本文件)。

如图 3-59 所示，如果文件包含一个底层次，则图标的左边有"+"符号。通过点击"+"符号，可以展开层次。用鼠标双击图 3-59 中的文件名，可以打开文件进行编辑。

(3) 处理(Process)子面板。如图 3-60 所示，处理子面板对上下文敏感，基于所选的源文件的类型变化处理面板的内容。处理子面板中包含用来定义、运行和分析设计的各种功能。

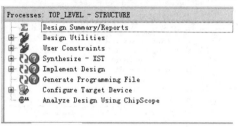

图 3-60　处理(Process)面板

处理子面板提供了以下功能：

(1) Design Summary/Reports(设计总结/报告)，用于访问设计报告、消息和结果数据的总结，也能执行消息过滤。

(2) Design Utilities(设计实用工具)，用于访问符号生成、例化模板，查看命令行历史和仿真库编译。

(3) User Constraints(用户约束)，用于访问位置和时序约束。

(4) Synthesize(综合)，用于访问检查语法、综合，查看 RTL、技术原理图和综合报告。所选择的综合工具不同，可用的综合过程也不相同。

(5) Implement Design(实现设计)，提供访问综合工具和实现后分析工具。

(6) Generate Programming File(生成编程文件)，访问比特流生成。

(7) Configure Target Device(配置目标器件)，访问配置工具，用于创建可编程的文件和编程目标器件。

2) 文件(File)面板

如图 3-61 所示，文件面板提供了一个平面的、排序的工程内所有文件的源文件列表。文件可以通过名称或类型等进行分类。可以通过用鼠标点击文件名，选择"Source Properities"来查看每个文件的属性和修改文件。

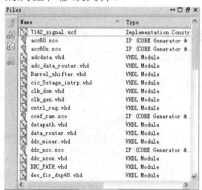

图 3-61　File(文件)面板

2. 控制台(Console)窗口

在 ISE 主界面的底部是控制台(Console)窗口，如图 3-62 所示，包括 Console、Errors、Warnings 等面板，显示了状态信息、错误和警告。

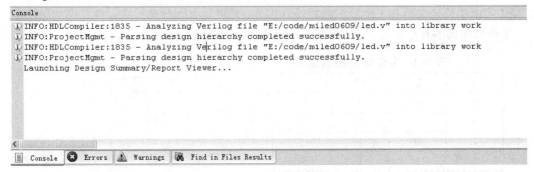

图 3-62　ISE 主界面控制台窗口

(1) Console(控制台)面板提供了所有来自处理运行的标准输出，窗口显示了错误、警告和消息信息。错误用红色的"×"表示。警告用"！"表示。

(2) Errors(错误)面板只显示错误信息，滤掉其它控制台信息。

(3) Warnings(警告)面板只显示警告信息，滤掉其它控制台消息。

3. 工作空间(Workspace)

工作空间如图 3-63 所示，设计者可以在此查看设计报告、文本文件、原理图和仿真波形，其每个窗口的大小都可改变。工作空间可以平铺、分层或者关闭显示。

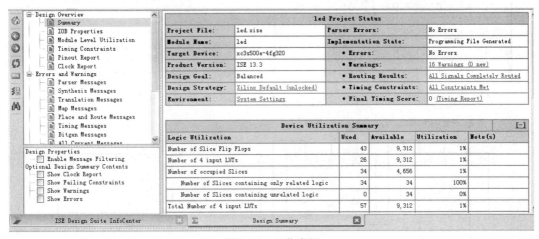

图 3-63　工作空间

3.5　ISE Foundation 设计流程

本节将通过 4 位二进制加法器的设计来介绍 ISE Foundation 的基本设计流程。在该设计中，采用了原理图输入的设计方法，并采用了层次化调用方法来简化设计。

3.5.1 问题分析

4 位二进制加法器可以采用 3 个 1 位全加器与 1 个 1 位半加器组合构成，在该设计中需要先实现 1 位全加器和 1 位半加器的设计工作，再将其级联起来构成 4 位二进制加法器。

1 位半加器的真值表如表 3-1 所示，原理图如图 3-64 所示。

表 3-1　1 位半加器真值表

A	B	C	S
0	0	0	0
0	1	0	1
1	0	1	1
1	1	1	0

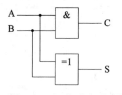

图 3-64　1 位半加器原理图

1 位全加器的真值表如表 3-2 所示，原理图如图 3-65 所示。

表 3-2　1 位全加器真值表

A	B	C_{i-1}	C	S
0	0	0	0	0
0	0	1	0	1
0	1	0	0	1
0	1	1	1	0
1	0	0	0	1
1	0	1	1	0
1	1	0	1	0
1	1	1	1	1

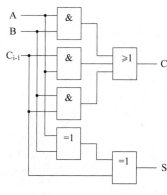

图 3-65　1 位全加器原理图

将半加器及全加器级联起来，即可构成 4 位二进制加法器，如图 3-66 所示。

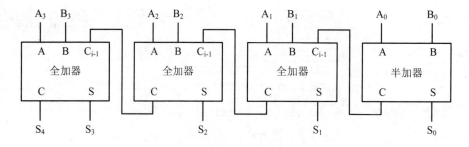

图 3-66　4 位二进制加法器原理图

3.5.2 设计输入

采用原理图输入法构成 4 位二进制加法器的设计步骤如下。

1. 新建工程

(1) 启动 ISE 集成开发环境，出现如图 3-67 所示的 ISE 启动界面。

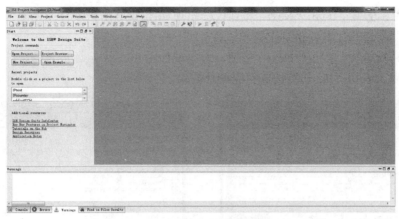

图 3-67　ISE 启动界面

(2) 创建工程 Adder4，在"File"下拉菜单中选取"New Project"选项，如图 3-68 所示。

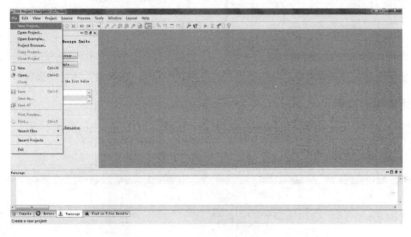

图 3-68　创建项目

出现如图 3-69 所示的工程向导窗口，在该窗口中指定项目名、工作路径和顶层模块类型，这里我们选择顶层模块类型为原理图(Schematic)。

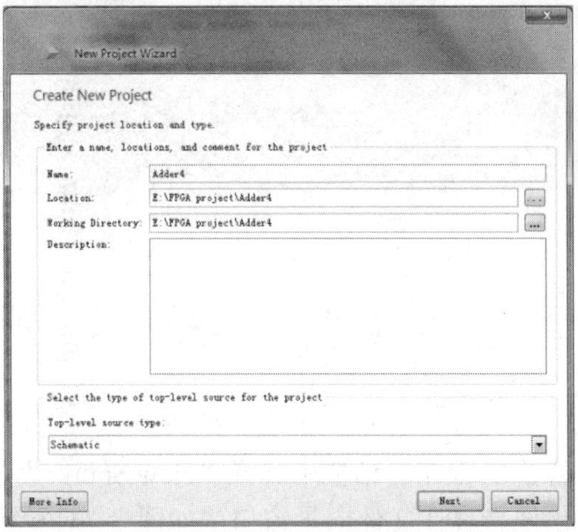

图 3-69　工程向导窗口

(3) 在图 3-69 中，点击"Next"按钮，会出现如图 3-70 所示项目设置窗口，确定所用芯片具体型号、综合工具、仿真工具和语言类型。

(4) 在图 3-70 中，点击"Next"按钮，会出现如图 3-71 所示项目简报窗口，告知当前项目相关设置，点击"Finish"按钮完成项目创建。

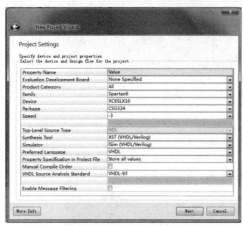 

图 3-70　项目设置窗口　　　　　　　　　　　　图 3-71　项目简报窗口

2. 创建新设计文件

(1) 如图 3-72 所示，留意设计(Design)面板中的层次(Hierarchy)面板，发现当前项目下及当前器件下不包括任何文件。

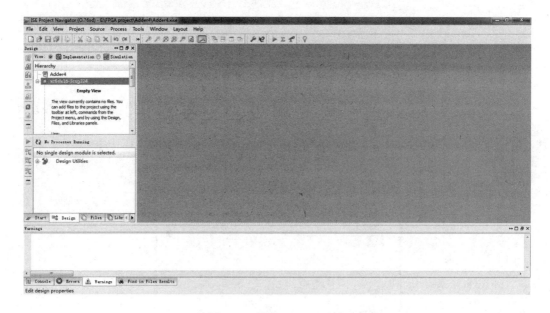

图 3-72　设计(Design)面板

(2) 选中当前器件，点击右键在对话框中选择"New Source"创建一个新的设计文件，如图 3-73 所示。此时将出现新设计文件向导窗口，如图 3-74 所示。选择设计文件类型，这里我们选择原理图(Schematic)，并输入文件名"adder4"。

图 3-73　创建设计文件

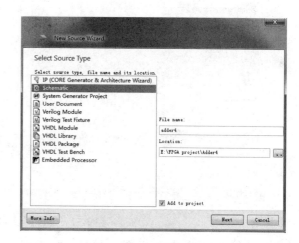

图 3-74　设计文件向导

（3）在图 3-74 中点击"Next"按钮，出现如图 3-75 所示新设计文件简报窗口，告知当前设计文件的相关设置，点击"Finish"完成新设计文件的创建。

（4）考虑到 4 位二进制加法器由 1 位半加器和 1 位全加器构成，因此还需要建立 1 位半加器和 1 位全加器的设计文件，具体步骤同上。结果如图 3-76 所示，可见当前器件下又添加了"hadder.sch"和"fadder.sch"两个原理图设计文件。

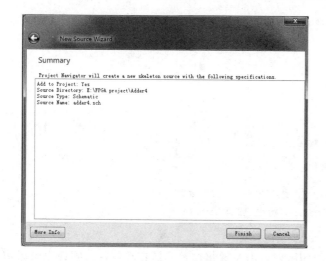

图 3-75　新设计文件简报窗口

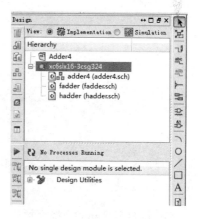

图 3-76　添加半加器及全加器设计文件

3．设计输入

（1）完成创建新设计文件之后，点击半加器设计文件，开始具体设计输入，ISE 将会自动跳转到原理图设计界面，如图 3-77 所示。

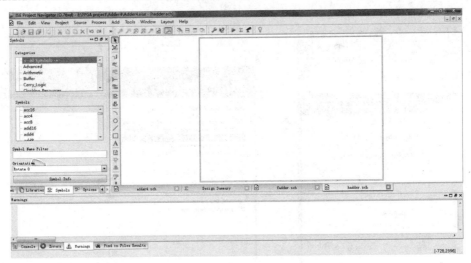

图 3-77 原理图设计界面

(2) 选择符号(Symbols)标签，如图 3-78 所示。在类别(Categories)栏中选择"Logic"，然后在下方的符号(Symbols)栏中找到"and2"2 输入与门符号，同理也可以找到"xor2"2 输入异或门符号。如果熟悉 ISE 中的符号命名规则，也可在"Symbol Name Filter"中直接输入符号名称，找到所需符号。

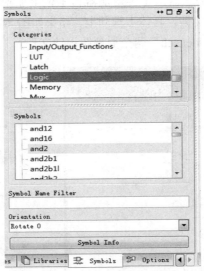

图 3-78 符号标签栏

(3) 将符号"and2"拖至原理图绘图区，点击左键将该符号放在绘图区，同理也可以将"xor2"拖至原理图绘图区，如图 3-79 所示。点击连线按钮"Add Wire"，如图 3-80 所示，将 2 输入与门和 2 输入异或门的输入和输出端口通过连线引出，如图 3-81 所示。

(4) 点击添加端口按钮"Add I/O Marker"，如图 3-82 所示。将端口与输入、输出端相连，如图 3-83 所示。端口连接完成后，左键选中端口，点击右键在快捷菜单中选择"Rename Port"，对端口进行重命名，如图 3-84 所示。在端口重命名对话框中，输入所需的端口名，点击"OK"完成重命名，如图 3-85 所示。

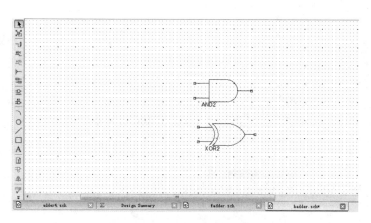

图 3-79　放置逻辑符号

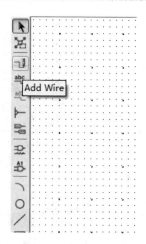

图 3-80　连线按钮

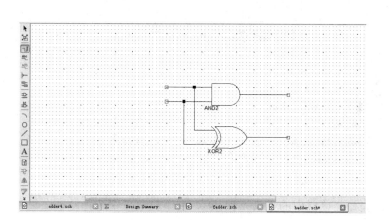

图 3-81　引出输入、输出端

图 3-82　添加端口按钮

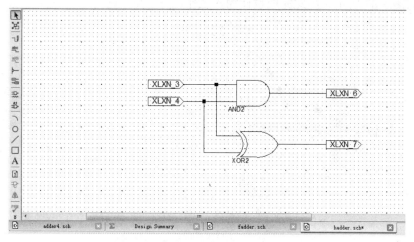

图 3-83　连接端口

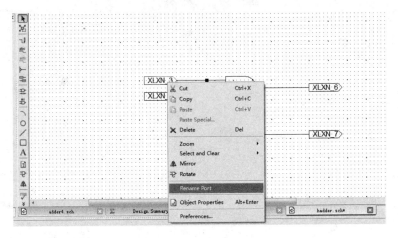

图 3-84　重命名端口

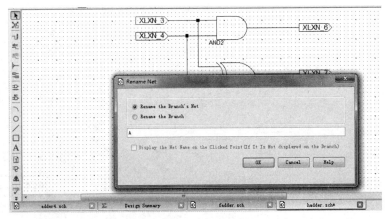

图 3-85　设置端口名

(5) 完成端口重命名后，选择菜单栏中的工具"Tools"，在下拉菜单中选择原理图检查 (Check Schematic)选项，检查原理图连线情况，如图 3-86 所示。留意下方控制台，观察检查结果，如图 3-87 所示。至此完成设计输入工作。

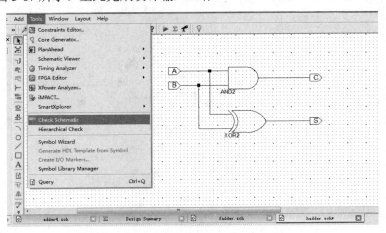

图 3-86　原理图检查

（6）在完成半加器的设计之后，应创建其原理图符号，在设计 4 位二进制加法器时方便直接调用。如图 3-88 所示，回到设计界面，在层次(Hierarchy)面板中，选择已完成设计的半加器文件，在下方处理(Processes)面板中，点击展开"Design Utilities"，双击"Create Schematic Symbol"，完成原理图符号的创建。

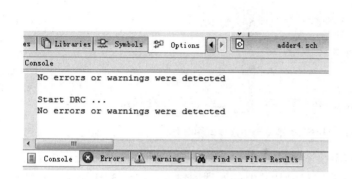

图 3-87　原理图检查结果

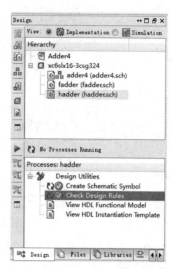

图 3-88　创建原理图符号

（7）按照以上步骤，同样可以完成全加器的原理图输入，并创建其原理图符号。如图 3-89 所示。

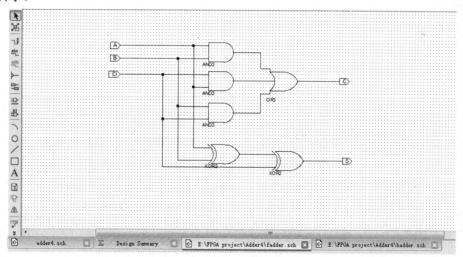

图 3-89　全加器原理图输入

（8）在完成 1 位半加器和 1 位全加器的原理图输入并生成原理图符号后，便可通过层次化调用的方式，来构建 4 位二进制加法器了。在设计(Design)面板中，双击 4 位二进制加法器文件"adder4"，进入原理图绘图界面。在左侧符号栏下，目录(Categories)面板中，找到当前项目路径并点击，在下方符号(Symbols)面板中将出现之前创建的全加器和半加器原理图符号，如图 3-90 所示。

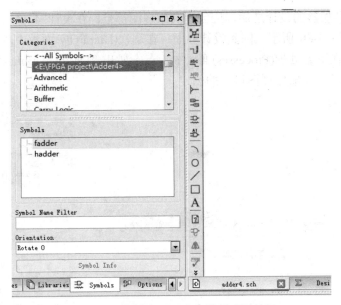

图 3-90　调用半加器及全加器原理图符号

(9) 将半加器及全加器符号拖至绘图区，参考 4 位二进制加法器原理图，采用连线及添加输入输出端口的方法，完成 4 位二进制加法器的原理图输入，如图 3-91 所示。回到设计界面，可以看到在层次(Hierarchy)面板中，4 位二进制加法器设计文件已成为顶层设计文件，展开看到包括 3 个全加器设计文件和 1 个半加器设计文件，如图 3-92 所示。

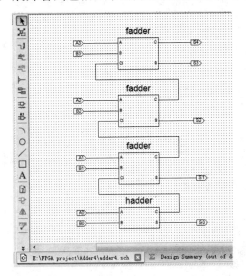

图 3-91　4 位二进制加法器的原理图输入

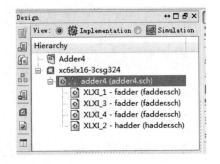

图 3-92　4 位二进制加法器层次结构图

3.5.3　工程编译

关闭原理图设计界面，并保存当前设计文件。在设计(Design)面板中选中当前设计文件，并在处理(Processes)子窗口选择综合选项(Synthesize-XST)，双击对设计文件进行综合，如图 3-93 所示，并留意控制台显示的综合结果，如图 3-94 所示。

图 3-93　设计综合

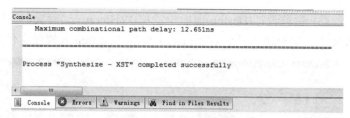

图 3-94　控制台结果

3.5.4　仿真验证

在采用 ISE 进行逻辑设计的过程中,通常采用开发平台自带的 ISim 软件对设计进行功能仿真,在仿真之前需编写相应的 Test Bench 文件。

(1) 在设计(Design)面板中选择仿真(Simulation),选中当前设计文件"adder4",点击右键在快捷菜单中选择添加新文件(New Source),如图 3-95 所示。

(2) 在新设计文件向导对话框中,选择 VHDL Test Bench,并对文件进行命名"tb4adder4",如图 3-96 所示,在之后出现的对话框中连续点击"Next"按钮,在随后出现的关联源文件对话框中,如图 3-97 所示,选中需要仿真的文件"adder4",再点击"Next"按钮。随后出现简报对话框,如图 3-98 所示,点击"Finish"按钮,完成 Test Bench 模板文件的添加。

图 3-95　添加仿真文件

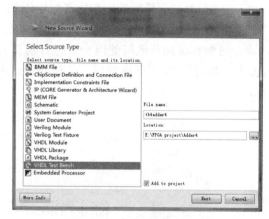

图 3-96　添加 Test Bench 文件

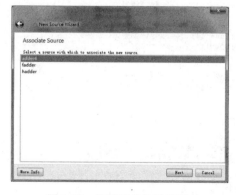

图 3-97　关联源文件对话框

图 3-98　简报对话框

(3) 留意设计(Design)面板中的层次(Hierarchy)面板，可以看到新添加的 Test Bench 模板文件，同时可以看到右侧自动生成的 Test Bench 模板文件内容，如图 3-99 所示。

图 3-99　Test Bench 模板文件

(4) 在 Test Bench 模板的用户定义段中添加如图 3-100 所示的代码，并保存。考虑到 4 位二进制加法器输入组合较多，为了简明介绍仿真过程，这里只随机选取 4 种情况进行验证。读者可自行添加其他可能组合，进行仿真验证。点击处理(Processes)子窗口中"ISim Simulator"前的"+"，展开选项后，双击"Simulate Behavioral Model"开始仿真，如图 3-101 所示。

```
72   -- *** Test Bench - User Defined Section ***
73       tb : PROCESS
74       BEGIN
75          A3<='0';A2<='0';A1<='0';A0<='0';   -- A="0000"
76          B3<='1';B2<='1';B1<='1';B0<='1';   -- B="1111"
77          WAIT FOR 100 NS;
78
79          A3<='0';A2<='0';A1<='1';A0<='1';   -- A="0011"
80          B3<='1';B2<='1';B1<='0';B0<='0';   -- B="1100"
81          WAIT FOR 100 NS;
82
83          A3<='0';A2<='0';A1<='1';A0<='1';   -- A="0011"
84          B3<='1';B2<='1';B1<='1';B0<='1';   -- B="1111"
85          WAIT FOR 100 NS;
86
87          A3<='1';A2<='0';A1<='0';A0<='1';   -- A="1001"
88          B3<='1';B2<='0';B1<='0';B0<='1';   -- B="1001"
89          WAIT FOR 100 NS;
90
91          A3<='1';A2<='1';A1<='1';A0<='1';   -- A="1111"
92          B3<='1';B2<='1';B1<='1';B0<='1';   -- B="1111"
93          WAIT FOR 100 NS;
94
95          WAIT; -- will wait forever
96       END PROCESS;
```

图 3-100　仿真代码

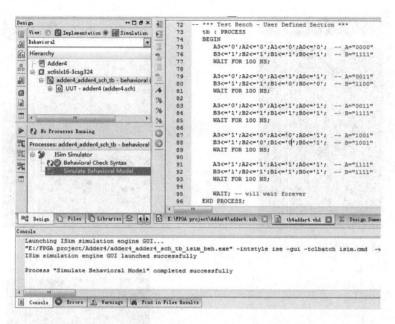

图 3-101　行为模型仿真

(5) 双击 "Simulate Behavioral Model" 之后 ISE 将会启动仿真软件 ISim，如图 3-102 所示。点击 符号，将仿真波形缩放到合适尺寸，观察仿真结果。

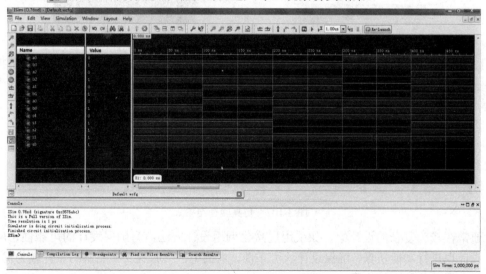

图 3-102　ISim 界面

(6) 为了更直观地观察仿真结果，可以对仿真变量做位置上的调整，在 "Name" 框下选中变量拖动至合适位置即可，如图 3-103 所示。更进一步，可以分别将加数(a3～a0)、被加数(b3～b0)以及和(s4～s0)构成总线结构。如图 3-104 所示，选中相关变量，然后，点击右键在弹出菜单的最底部找到 "New Virtual Bus"，如图 3-105 所示，便可将这组分量构成一个虚拟总线，并对齐命名，如图 3-106 所示。通过构成虚拟总线，能够更直观地分析仿真结果。

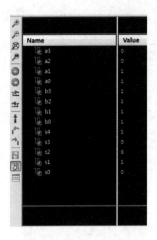

图 3-103　调整变量位置

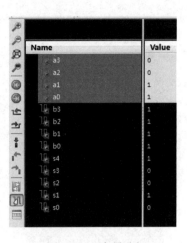

图 3-104　变量分组

图 3-105　虚拟总线选项

图 3-106　对虚拟总线命名

(7) 最后可以观察到仿真结果如图 3-107 所示，图中虚拟总线 A、B 和 S 分别表示加数 (a3～a0)、被加数(b3～b0)以及和(s4～s0)。通过观察比较，可以发现在 Test Bench 文件中填写的 4 种输入对应的理论结果与仿真结果完全一致，说明设计符合要求。

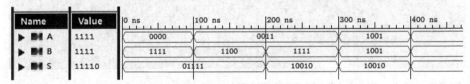

图 3-107　仿真验证结果

通常在较为复杂的设计中，如采用层次化调用设计方法，为确保设计的可靠性，应对底层设计也进行功能仿真，确保设计的可靠性。本例中，全加器及半加器的设计较为简单，因此省去了功能验证的步骤。

3.5.5　器件配置与编程

1. 芯片管脚的配置

器件配置部分，主要的工作是将设计中的输入输出端与 FPGA 芯片的具体管脚对应起来，并对管脚的电压模式、方向、类型等一些参数进行配置。通常需要首先对应顶层设计文件建立一个约束文件(*.ucf)，并通过 PlanAhead 软件进行可视化配置。完成管脚的配置后，还需实现设计，并生成可编程文件，具体步骤如下。

(1) 在设计(Design)面板中切换到实现(Implementation)状态，如图 3-108 所示。选中当前设计文件，点击右键，在快捷菜单中选择添加新文件"New Source"，如图 3-109 所示。

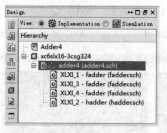
图 3-108　切换至实现状态

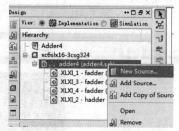
图 3-109　新建文件

在对话框中选择实现约束文件(Implementation Constraints File)，并取名为"adder4"，如图 3-110 所示。在之后出现的简报对话框中，点击"Finish"完成文件创建。可以看到在设计(Design)面板中，已添加了约束文件"adder4.ucf"，如图 3-111 所示。双击该文件，发现该文件内容为空白。

图 3-110　添加实现约束文件

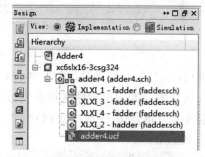
图 3-111　约束文件

(2) 在选中当前设计文件的情况下，在处理(Processes)窗口中，选择"User Constrains"，并点击前方"+"号，展开菜单，双击 I/O Pin Planing(PlanAhead)-Post-Synthesis，如图 3-112 所示。

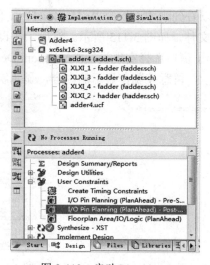
图 3-112　启动 PlanAhead

(3) 在图 3-112 中双击 I/O Pin Planing(PlanAhead)-Post-Synthesis 后将启动 PlanAhead 软件。在出现的欢迎界面中点击"Close",进入 PlanAhead 界面,如图 3-113 所示。找到其中的"I/O Ports"便签,并点击进入管脚分配界面。点击 "Scalar ports"前的"+"号,展开菜单,可以看到输入端"A0~A3"和"B0~B3",以及输出端"S0~S4"。

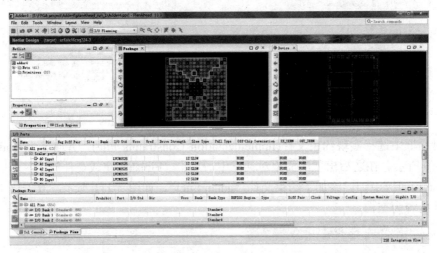

图 3-113　PlanAhead 主界面

在"I/O Ports"中分配管脚,如图 3-114 所示,首先在"Site"下将输入/输出端分配到指定管脚。管脚的分配应根据所采用开发板或实验板的配置情况而定。同样,也可以根据具体电压要求在"I/O Std"下,将 I/O 口电平改为"LVCMOS33"或其他值,完成后保存设置,退出 PlanAhead。

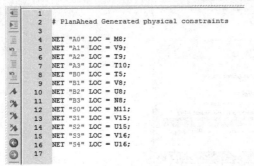

图 3-114　分配 I/O 端口

(4) 回到 ISE 界面,可以看到刚才添加的"adder4.ucf"文件已经根据在 PlanAhead 中的配置,生成了相应的文本文件,如图 3-115 所示。然后,在设计(Design)面板中选中当前设计文件,在处理(Processes)子窗口选择实现设计(Implement Design)选项,并双击对设计文件进行实现,如图 3-116 所示。留意控制台显示的内容,显示实现完成。

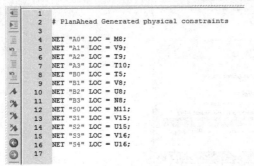

图 3-115　约束文件

图 3-116　设计实现

(5) 在设计(Design)面板中选中当前设计文件，在处理(Processes)子窗口选择生成编程文件选项(Generate Programming File)，并双击生成编程文件，如图 3-117 所示，留意控制台显示的综合结果，显示生成编程文件完成。此时，在相应文件夹下已生成编程文件"adder4.bit"。

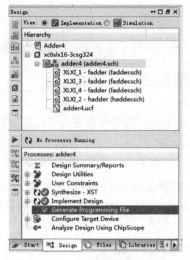

图 3-117 生成编程文件

2. 芯片的编程

ISE 套件中也提供了对 FPGA 进行配置的功能，同样可以实现对 FPGA 的直接配置或对存储器的配置。下面分别对两种配置方法进行详细介绍。

1) 采用 ISE 套件对 FPGA 进行直接配置

在项目设计完成，并已对项目实现"综合"、"实现设计"和"生成编程文件"之后，就可以开始对 FPGA 进行配置了。将实验板通过配套的 USB 线与计算机连接，并打开实验板电源。如图 3-118 所示，展开"Configure Target Device"选项，双击"Manage Configuration Project(iMPACT)"选项。

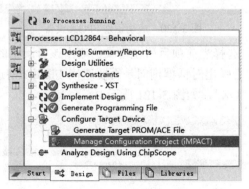

图 3-118 选择配置目标设备

此时将打开"ISE iMPACT"软件界面，首先双击 iMPACT 流程中的"Boundary Scan"进行边界扫描，然后在右侧区域点击右键，选择"Initialize Chain"进行初始化链，如图 3-119 所示。

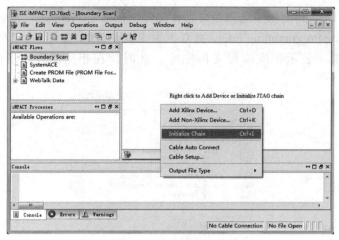

图 3-119　识别 FPGA 设备

此时，iMPACT 将识别出实验板板载的 FPGA，并提示识别成功，如图 3-120 所示。在弹出的"Auto Assign Configuration Files Query Dialog"对话框中选择"Yes"，继续下面的步骤。

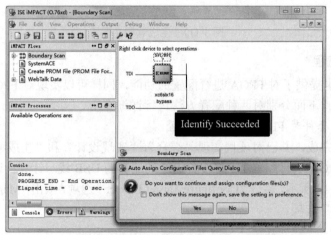

图 3-120　成功识别 FPGA 设备

在弹出的对话框中，选择当前项目所在目录，双击该目录下的*.bit 文件。由于例题中实验板带有 Flash，因此会弹出对话框询问是否要连接 Flash，请选择"NO"。在新弹出的配置属性对话框中点击"OK"，如图 3-121 所示。

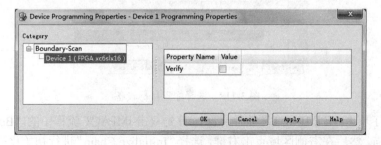

图 3-121　配置属性对话框

设置完成后，就可以开始对 FPGA 进行直接配置了。在 iMPACT 界面中，在 Xilinx 芯片图标上右击，选择"Program"开始对 FPGA 进行配置，如图 3-122 所示。配置成功后，系统将会提示"Program Succeeded"，如图 3-123 所示。

图 3-122　开始对 FPGA 进行配置

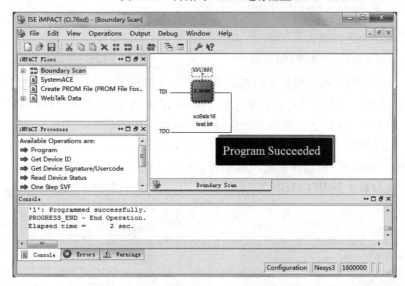

图 3-123　FPGA 配置成功

至此，完成对 FPGA 的直接配置。采用这种方式配置，当掉电或复位后，配置信息将丢失，需重新配置。

2) 采用 ISE 套件对存储器进行配置

为了确保配置信息掉电不失，也可以将配置文件下载到板载存储器，再由存储器对 FPGA 进行自动配置。该配置方式包括了两个部分：生成 PROM 文件；将 PROM 文件下载到存储器中。

(1) 生成 PROM 文件。

在项目设计完成，并已对项目实现"综合"、"实现设计"和"生成编程文件"之后，就可以开始生成 PROM 文件了。将实验板通过配套的 USB 线与计算机连接，并打开目标板电源。本例以采用 BPI Flash 为例，将模式选择处的跳线帽拔除。如图 3-124 所示，展开"Configure Target Device"选项，双击"Generate Target PROM/ACE File"选项。

在随后跳出的警告对话框中，点击"OK"，将自动打开 iMPACT 软件。双击 iMPACT 流程中的"Create PROM File(PROM File Formatter)"，开始创建 PROM 文件。首先对 PROM 文件的属性进行配置，整个过程包括三步。

第一步选择目标存储器类型。这里以 BPI Flash 为例，选择"BPI Flash"下的"Configure Single FPGA"，如图 3-125 所示。然后点击绿色箭头进入第二步操作。

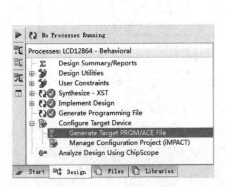

图 3-124　生成 PROM 文件

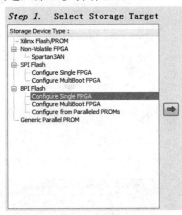

图 3-125　存储器类型

第二步添加存储设备。根据实验板的配置，选择目标 FPGA 为 Spartan6，实验板上的 BPI Flash 为 128M，因此存储设备容量选择 128M，完成设置后，点击"Add Storage Device"，完成添加，如图 3-126 所示。再点击绿色箭头进入第三步操作。

第三步配置 PROM 文件属性。首先在"Output File Name"后为 PROM 文件取名，在"Output File Location"后选择当前项目路径，便于下载时查找。"File Format"采用默认的 MCS 格式。实验板上的 BPI Flash 为 16 位并行，因此"Data Width"选择 16 位，如图 3-127 所示。

图 3-126　添加存储设备

图 3-127　配置文件属性

点击"OK"按键，完成 PROM 文件属性的设置。

在随后弹出的"Add Device"对话框中选择"OK"，在当前项目路径下找到项目对应的 bit 文件，点击确定。在随后弹出的"Add Device"对话框中询问是否要添加其他文件，点击"NO"。随后弹出"Add Device"对话框告知设备文件已导入完成，点击"OK"继续下面的操作。之后弹出"MultiBoot BPI Flash Revision and Data File Assignment"对话框，告知文件在 Flash 中的起止地址。由于是配置单一 FPGA，因此无需更改地址，点击"OK"继续下面的操作。双击 iMPACT 进程中的"Generate File…"选项，开始生成 PROM 文件，如图 3-128 所示。

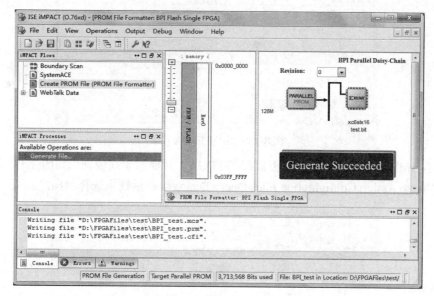

图 3-128　完成 PROM 文件的生成

到这里，完成了 PROM 文件的生成工作。关闭界面，无需保存信息。

(2) 将 PROM 文件下载到存储器中。

如图 3-129 所示展开"Configure Target Device"选项，双击"Manage Configuration Project(iMPACT)"选项。

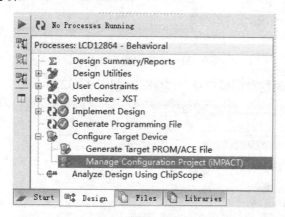

图 3-129　选择配置目标设备

此时将打开"ISE iMPACT"软件界面，首先双击 iMPACT 流程中的"Boundary Scan"进行边界扫描，然后在右侧区域点击右键，选择"Initialize Chain"进行初始化链，如图 3-130 所示。

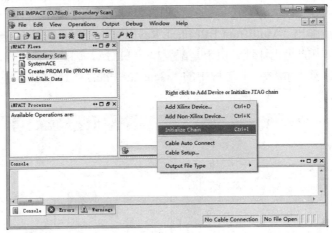

图 3-130　识别 FPGA 设备

此时，iMPACT 将识别出实验板板载的 FPGA，并提示识别成功，如图 3-131 所示。在弹出的"Auto Assign Configuration Files Query Dialog"对话框中选择"No"。

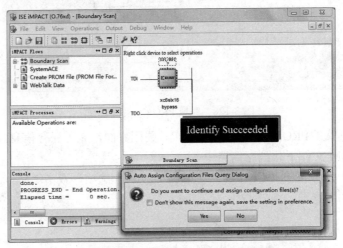

图 3-131　成功识别 FPGA 设备

在新弹出的配置属性对话框中点击"OK"，如图 3-132 所示。

图 3-132　配置属性对话框

完成以上设置后，开始为 FPGA 添加 BPI Flash。如图 3-133 所示，在 "SPI/BPI?" 虚线框处点击右键，在当前项目路径下找到刚才生成的 MCS 文件，点击确定。在随后弹出的对话框的 "Select the PROM attached to FPGA" 选项中选择 "28F128P30"，与实验板上所用的 BPI Flash 兼容，点击 "OK"，如图 3-134 所示。

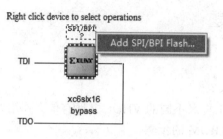

图 3-133　添加 BPI Flash

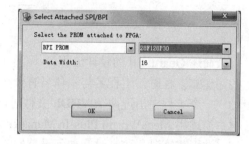

图 3-134　选择 Flash 属性

此时可以看到在 FPGA 芯片图标上添加了 Flash 芯片图标，如图 3-135 所示。

在 Flash 图标上点击右键，选择"Program"选项，如图 3-136 所示。在随后弹出的"Device Programming Properties"对话框中点击 "OK"，开始下载 PROM 文件到 Flash。下载成功后，系统将会提示 "Program Succeeded"，如图 3-137 所示。

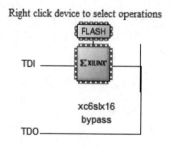

图 3-135　完成 Flash 的添加

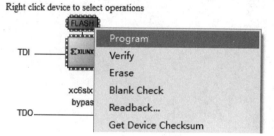

图 3-136　对 Flash 进行配置

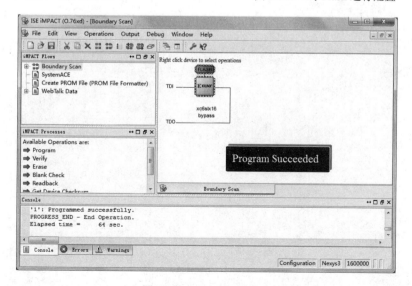

图 3-137　Flash 配置成功

　　至此，完成整个 BPI Flash 的配置过程，FPGA 配置文件已被下载到并行存储器中，重启目标板电源，并行存储器将会自动完成对 FPGA 的配置。

　　采用 ISE 套件对 SPI Flash 进行配置的方法与 BPI Flash 配置方法相似，在此不再赘述。

习　　题

1. 简述 Quartus II 的设计流程。
2. 建立工程时，工程名与实体名有什么要求？
3. 一个工程中出现两个 VHDL 文件时，与工程名不同的 VHDL 文件有什么作用？
4. 简述用 MegaWizard Plus-In Manager 定制 ROM 的步骤。
5. 波形仿真时，仿真时间如何设置？

第4章　VHDL 语言

【**本章提要**】　本章主要介绍 VHDL 语言的基本结构与语法，主要内容如下：

- VHDL 的特点；
- VHDL 程序的基本结构；
- 常用语句；
- 数据类型；
- 各类操作符。

4.1　VHDL 概述

目前，电路系统的设计正处于 EDA(电子设计自动化)时代。借助 EDA 技术，系统设计者只需要提供欲实现系统行为与功能的正确描述即可。至于将这些系统描述转化为实际的硬件结构，以及转化时对硬件规模、性能进行优化等工作，几乎都可以交给 EDA 工具软件来完成。使用 EDA 技术大大缩短了系统设计的周期，减小了设计成本。

EDA 技术首先要对系统的行为、功能进行正确的描述。HDL(硬件描述语言)是各种描述方法中最能体现 EDA 优越性的描述方法。所谓硬件描述语言，实际就是一个描述工具，描述的对象就是待设计电路系统的逻辑功能、实现该功能的算法以及选用的电路结构与其他各种约束条件等。通常要求 HDL 既能描述系统的行为，也能描述系统的结构。

HDL 的使用与普通的高级语言相似，编制的 HDL 程序也需要首先经过编译器进行语法、语义的检查，并转换为某种中间数据格式。但与其他高级语言相区别的是，用硬件描述语言编制程序的最终目的是要生成实际的硬件，因此 HDL 中有与硬件实际情况相对应的并行处理语句。此外，用 HDL 编制程序时，还需注意硬件资源的消耗问题(如门、触发器、连线等的数目)，有的 HDL 程序虽然语法、语义上完全正确，但并不能生成与之对应的实际硬件，原因就是要实现这些程序所描述的逻辑功能，消耗的硬件资源十分巨大。

VHDL(Very-high-speed-integrated-circuits Hardware Description Language,超高速集成电路硬件描述语言)是最具推广前景的 HDL。VHDL 语言是美国国防部于 20 世纪 80 年代后期出于军事工业的需要开发的。1984 年 VHDL 被 IEEE(Institute of Electrical and Electorincs Engineers)确定为标准化的硬件描述语言。1994 年 IEEE 对 VHDL 进行了修订，增加了部分新的 VHDL 命令与属性，增强了系统的描述能力，并公布了新版本的 VHDL，即 IEEE 标准版本 1046-1994 版本。

VHDL 已经成为系统描述的国际公认标准，得到众多 EDA 公司的支持，越来越多的硬件设计者使用 VHDL 描述系统的行为。

4.1.1　VHDL 的特点

VHDL 之所以被硬件设计者日趋重视，是因为它在进行工程设计时有如下优点：

(1) VHDL 行为描述能力明显强于其他 HDL 语言，因此用 VHDL 编程时不必考虑具体的器件工艺结构，能比较方便地从逻辑行为这一级别描述、设计电路系统，而对于已完成的设计，不改变源程序，只需改变某些参量，就能轻易地改变设计的规模和结构。

比如设计一个计数器，若要设计 8 位计数器，可以将其输出引脚定义为"BIT_VECTOR (7 DOWNTO 0);"，而要将该计数器改为 16 位计数器时，只要将引脚定义中的数据 7 改为 15 即可。

(2) 能在设计的各个阶段对电路系统进行仿真模拟，使得在系统设计的早期就检查系统的设计功能，极大地减少了可能发生的错误，降低了开发成本。

(3) VHDL 语句程序结构(如设计实体、程序包、设计库)决定了它在设计时可利用已有的设计成果，并能方便地将较大规模的设计项目分解为若干部分，从而实现多人多任务的并行工作方式，保证了较大规模系统的设计能被高效、高速地完成。

(4) EDA 工具和 VHDL 综合器的性能日益完善。经过逻辑综合，VHDL 语言描述能自动地被转变成某一芯片的门级网表；通过优化能使对应的结构更小、速度更快。同时设计者可根据 EDA 工具给出的综合和优化后的设计信息对 VHDL 设计描述进行改良，使之更为完善。

4.1.2　VHDL 语言的程序结构

实体(Entity)、结构体(Architecture)是组成 VHDL 的两个最基本的结构(如 4.1.3 节中例 4-1 就是只包含这两个基本结构的最简单的 VHDL 程序)。

考虑到大型设计过程通常采用多人多组的形式进行，为了使已完成的设计成果(包括已定义的数据类型、函数、过程或实体等)为其他设计任务所共享，有必要把被共享的设计成果集中到一起。VHDL 语言设置了库(Library)与程序包(Package)的程序结构。

此外，对于较复杂的设计项目，一个实体往往与多个结构体相对应。而当实体设计完成后，放入程序包供其他实体共享时，其他实体可能只需要使用该实体的一个结构体，这时，VHDL 提供了配置(Configuration)这种结构，为实体配置(指定)一个结构体。

可见，实体(Entity)、结构体(Architecture)、库(Library)、程序包(Package) 与配置 (Configuration)是构成一个完整的 VHDL 语言程序的五个基本结构。

4.1.3　VHDL 程序的一般结构

小到一个元件、一个电路，大到一个系统，都可以用 VHDL 描述其结构、行为、功能和接口。编程时，VHDL 将一项工程设计(或称设计实体)分成"外部端口"和"内部结构、功能及其实现算法"两大部分进行描述。一个设计实体的内、外部都设计完成后，其他实体就可以像调用普通元件一样直接调用它。

【例 4-1】　以下给出了一个较简单的 VHDL 源程序，它实现了一个与门，各部分的说明如程序中所示。

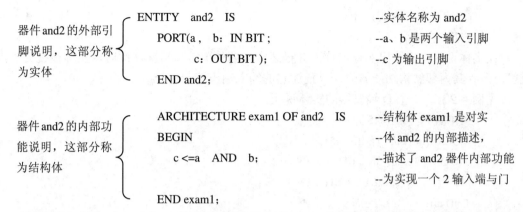

器件 and2 的外部引脚说明，这部分称为实体

```
ENTITY   and2   IS              --实体名称为 and2
    PORT(a， b：IN BIT；          --a、b 是两个输入引脚
         c：OUT BIT )；          --c 为输出引脚
END and2；
```

器件 and2 的内部功能说明，这部分称为结构体

```
ARCHITECTURE exam1 OF and2   IS  --结构体 exam1 是对实
BEGIN                            --体 and2 的内部描述，
    c <=a   AND   b；            --描述了 and2 器件内部功能
                                 --为实现一个 2 输入端与门
END exam1；
```

　　该程序包括一个 VHDL 程序必备的两个部分：实体(ENTITY)说明部分和结构体 (ARCHITECTURE)说明部分。实体说明部分给出了器件 and2 的输入输出引脚(PORT)的外部说明，如图 4-1 所示。其中 a、b 是两个输入引脚(IN)，数据类型为 BIT，即"二进制位"数据类型，这种数据类型只有"0"和"1"两种逻辑值；c 为输出引脚，数据类型也为 BIT。这部分相当于画原理图时的一个元件符号。

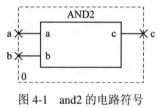

图 4-1　and2 的电路符号

　　结构体说明部分给出了该器件的内部功能信息，其中"AND"是 VHDL 的一个运算符，表示"与"操作；而符号"<="是 VHDL 的赋值运算符，从电路的角度来说表示信号的传输，即将输入信号 a、b"与"操作后的结果传送到输出端 c。VHDL 的逻辑综合软件将根据该程序的描述得到相应的硬件设计结果。

　　保存文件时，以 VHD 为后缀，文件名应与实体名一致。VHDL 的所有语句都是以"；"结束的，而"；"后的"--"表示程序注释。

4.2　实体定义相关语句

　　VHDL 语言描述的对象称为实体。实体代表什么几乎没有限制，可以将任意复杂的系统、一块电路板、一个芯片、一个电路单元甚至一个门电路看做一个实体。如果设计时对设计系统自顶向下分层、划分模块，那么，各层的设计模块都可以看做为实体。顶层的系统模块是顶级实体，低层次的设计模块是低级实体。描述时，高层次的实体可将比它低层的实体当作元件来调用。至于该元件内部的具体结构或功能，将在低层次的实体描述中详细给出。

　　实体说明的书写格式如下所示：

```
ENTITY   实体名   IS
[GENERIC(类属参数说明)；]
```

　　[PORT(端口说明)；]

　　　END　实体名；

　　在实体说明中应给出实体名称，并描述实体的外部接口情况。此时，实体被视为"黑盒"，不管其内部结构功能如何，只描述它的输入输出接口信号。

　　【例 4-2】　　一个 D 触发器的实体说明。

　　　ENTITY　　dff　　IS

　　　GENERIC(tsu：TIME：=5ns)

　　　　PORT(clk，d：IN　BIT；

　　　　　　　　Q ,qb：OUT　BIT)；

　　　END dff；

　　上面给出的程序是 1 位 D 触发器的实体说明。实体说明以 ENTITY 开始，dff 是实体名，GENERIC 为类属参数表，PORT 后为输入输出端口表。下面分别对各部分的定义方法进行详细的说明。

4.2.1　类属参数说明语句

　　类属参数说明语句必须放在端口说明语句之前，用以设定实体或元件的内部电路结构和规模。其书写格式如下：

　　　GENERIC(常数名：数据类型：=设定值；

　　　　　　⋮

　　　　　常数名：数据类型：=设定值)；

　　例 4-2 程序中的 GENERIC(tsu：TIME：=5ns)指定了结构体内建立时间用 tsu 表示，值为 5 ns。再如：

　　【例 4-3】　　42 位信号的实体说明。

　　　ENTITY exam IS

　　　GENERIC(width: INTEGER:=42)；

　　　PORT(M: IN STD_LOGIC_VECTOR(width-1 DOWNTO 0)；

　　　　　　　Q: OUT STD_LOGIC_VECTOR(15　DOWNTO　0))；

　　类属参数定义了一个宽度常数，在端口定义部分应用该常数 width 定义了一个 42 位的信号，这句相当于语句

　　　M: IN STD_LOGIC_VECTOR(41 DOWNTO 0)；

　　若该实体内部大量使用了 width 这个参数表示数据宽度，则当设计者需要改变宽度时，只需一次性在语句

　　　GENERIC(width: INTEGER:=某常数)；

中改变常数即可。

　　从上述例子的综合结果来看，类属参数的改变将影响设计结果的硬件规模，而从设计者角度来看，只需改变一个数字即可达到目的。应用 VHDL 进行 EDA 设计的优越性由此可窥一斑。

4.2.2　端口说明语句

在电路图上，端口对应于元件符号的外部引脚。端口说明语句是对一个实体界面的说明，也是对端口信号名、数据类型和端口模式的描述。端口说明语句的一般格式如下：

　　　PORT(端口信号名, {端口信号名}：端口模式　端口类型；
　　　　　⋮
　　　端口信号名, {端口信号名}：端口模式　端口类型)；

1．端口信号名

端口信号名是赋给每个外部引脚的名称，如例 4-1 中的 a、b、c。各端口信号名在实体中必须是唯一的，不能有重复现象。

2．端口模式

端口模式用来说明信号的方向，详细的端口方向说明见表 4-1。

表 4-1　端口方向说明

方向定义	含　义
IN	输入
OUT	输出(结构体内不能再使用)
INOUT	双向(可以输入，也可以输出)
BUFFER	输出(结构体内可再使用)，可以读或写

表 4-1 中，BUFFER 是 INOUT 的子集，它与 INOUT 的区别在于：INOUT 是双向信号，既可以输入，也可以输出；而 BUFFER 是实体的输出信号，但作输入用时，信号不是由外部驱动的，而是从输出反馈得到，即 BUFFER 类的信号在输出外部电路的同时，也可以被实体本身的结构体读入，这种类型的信号常用来描述带反馈的逻辑电路，如计数器等。

3．端口类型

端口类型指的是端口信号的取值类型，常见的有以下几种：

(1) BIT：二进位类型，取值只能是 0、1，由 STANDARD 程序包定义。

(2) BIT_VECTOR：位向量类型，表示一组二进制数，常用来描述地址总线、数据总线等端口，如 "datain：IN BIT_VECTOR(7 downto 0)；" 定义了一条 8 位位宽的输入数据总线。

(3) STD_LOGIC：工业标准的逻辑类型，取值为 0、1、X、Z 等，由 STD_LOGIC_1164 程序包定义。

(4) INTEGER：整数类型，可用作循环的指针或常数，通常不用作 I/O 信号。

(5) STD_LOGIC_VECTOR：工业标准的逻辑向量类型，是 STD_LOGIC 的组合。

(6) BOOLEAN：布尔类型，取值为 FALSE、TRUE。

在例 4-1 中，D 触发器作为实体，其端口有两个输入信号和一个输出信号，输入信号和输出信号的类型相同。

4.3　结构体及子结构语句

对一个电路系统而言，实体描述部分主要是系统的外部接口描述，这一部分如同是一个"黑盒"，描述时并不需要考虑实体内部的具体细节，因为描述实体内部结构与性能的工作是由"结构体"所承担的。

4.3.1　结构体的格式及构造

结构体是一个实体的组成部分，是对实体功能的具体描述。结构体主要用于描述实体的硬件结构、元件之间的互连关系、实体所完成的逻辑功能以及数据的传输变换等方面的内容。具体编写结构体时，可以从其中的某一方面来描述，也可综合各个方面进行描述。

一个结构体的书写格式如下：

　　ARCHITECTURE 结构体名 OF 实体名 IS

　[说明语句] 内部信号，常数，数据类型，函数等的定义；

　　　BEGIN

　　　[功能描述语句]

　　　END 结构体名；

一个实体中可以有一个结构体，也可以有几个结构体。一个实体内部若有几个结构体，则各结构体名不能重复。

结构体中的说明语句位于 ARCHITECTURE 和 BEGIN 之间，对结构体内部使用的信号(SIGNAL)、常数(CONSTANT)、数据类型、元件(COMPONENT)和过程(PROCEDURE)等加以说明。需要注意的是，结构体内部定义的数据类型、常数或函数、过程等只能用于该结构体内部，若要这些定义也能被其他实体或结构体所引用，需先把它们放入程序包，其他实体或结构体只有打开相应的程序包后才能引用。

VHDL 语言的功能描述语句结构含有五种不同类型且以并行方式工作的语句结构，这也就是结构体的五个子结构。图 4-2 给出了包含了这五部分的结构体的一般构造图。

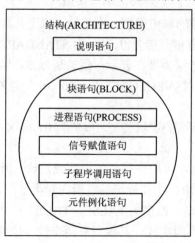

图 4-2　结构体的一般构造图

　　例 4-4 描述了一个具有简单逻辑操作功能的电路,其原理图如图 4-3 所示。例 4-4 的实体部分说明了四个输入端与一个输出端;结构体描述以关键字 ARCHITECTURE 开头,a 是结构体名,OF 之后为实体名(应与实体说明一致)。ARCHITECTURE 与 BEGIN 之间对该结构体内部将使用的两个信号 temp1 和 temp2 作了说明,指出它们的数据类型为 BIT。BEGIN 之后为结构体的正文部分,用于描述实体的逻辑功能。

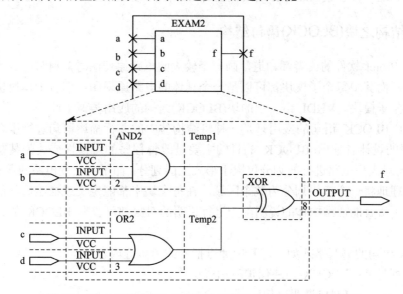

图 4-3　例 4-4 所描述的 实体部分及其结构体部分(电路原理图)

【例 4-4】　　具有简单逻辑操作功能电路的实体说明。

```
ENTITY    exam2    IS
  PORT(a,b,c,d: IN   BIT;
              f: OUT BIT);
END exam2;
ARCHITECTURE a OF exam2    IS
SIGNAL    temp1, temp2: BIT ;
BEGIN
f<=temp1 XOR    temp2;
temp1<=a   AND   b;
temp2<=c   OR   d ;
END a;
```

　　需要特别说明的是,这里的 temp1、temp2 和 f 这三个信号的赋值语句之间是并行的关系,它们的执行是同步进行的。只要某个信号发生变化,就会立刻引起相应的语句被执行,产生相应的输出,而不管这些语句书写的先后顺序。这点和一般程序设计语言的顺序执行情况不一样,但它和硬件电路的工作情况是一致的,这种并行的执行方式是 VHDL 区别于传统软件描述语言最显著的一点。

　　结构体的 BEGIN 与 END 之间的功能描述语句中包含了多种子结构(或称子模块),其中的三种子结构:块(BLOCK)语句结构、进程(PROCESS)语句结构和子程序

(SUBPROGRAMS)语句结构是 VHDL 语言中常用的子结构描述语句。

VHDL 之所以提供这三种子结构，主要是考虑到：在实际的硬件电路设计中，当电路的规模较大时，用一个模块来描述电路的逻辑功能对电路设计者来说很不方便，所以一般情况下，设计者将整个电路分成若干相对独立的子结构(或称子模块)来进行电路的逻辑描述。下面就对这三种子结构进行详细的说明。

4.3.2　子结构之块(BLOCK)语句结构

使用过 Protel 软件的读者都知道，画一个较大的电路原理图时，通常可分为几个子模块进行绘制，而其中每个子模块都可以是一个具体的电路原理图；倘若子模块仍很大，还可以往下再分子模块。VHDL 语言中的块(BLOCK)结构的应用类似于此。

事实上，BLOCK 语句的应用只是一种将结构体中的并行描述语句进行组合的方法，VHDL 程序的设计者使用 BLOCK 的目的主要是改善程序的可读性或关闭某些信号。以BLOCK 语句对大型电路进行的划分仅限于形式上的划分，而不会改变电路的逻辑功能。设计者可以合理地将一个模块划分为数个区域，在每个块中都能定义或描述局部信号、数据类型和常量，所有能在结构体的说明部分进行说明的对象都可以在 BLOCK 的说明部分进行说明。

BLOCK 语句的书写格式如下，其中加方括号的为可选内容：

　　　　块标号名：BLOCK　　[块保护表达式]

　　　　　　　　　[端口说明语句]

　　　　　　　　　[类属参数说明语句]

　　　　　　　　　BEGIN

　　　　　　　　　并行语句

　　　　　　　　　END BLOCK　块结构名;

【例 4-5】　采用 BLOCK 语句来描述全加器电路，其 VHDL 语言程序结构示意如下：

　　　ENTITY Full_add IS

　　　　　　　PORT(ADD1,ADD2,CARIN : IN BIT;

　　　　　　　　　　SUM,CAROUT:OUT BIT);

　　　END Full_add;

　　　ARCHITECTURE　exam_OF_blk　OF Full_add　IS

　　　BEGIN

　　　Half_add1 :BLOCK

　　　　　　　BEGIN

　　　　　　　--半加器 1 的描述语句;

　　　　　　　END BLOCK　　Half_add1;

　　　Half_add2 :BLOCK

　　　　　　　BEGIN

　　　　　　　--半加器 2 的描述语句;

　　　　　　　END BLOCK　　Half_add2;

```
Connecter :BLOCK
          BEGIN
          --将两个半加器组合为全加器的连接部分描述语句;
          END BLOCK    Connecter;
     END exam_OF_blk;
```

端口说明语句对 BLOCK 的端口设置以及外界信号的连接情况进行说明，类似于原理图中的端口说明，可以包含由关键词 PORT、GENERIC、PORT MAP 和 GENERIC MAP 引导的端口说明语句。

块的说明语句部分只适用于当前的 BLOCK，对于块的外部来说是不透明的，即不适用于外部环境。块的说明部分可以定义的对象主要是：USE 语句、子程序、数据类型、子类型、常数、信号及元件。

例 4-5 中使用的 BLOCK 语句仅仅是将结构体分成几个独立的程序模块，在对程序进行仿真时，BLOCK 语句中所描述的各条语句是并行执行的，执行顺序与书写顺序无关。但是在实际的电路设计时，有时需要在满足一定条件的前提下执行 BLOCK 语句，例 4-6 中的卫式 BLOCK 就可以实现 BLOCK 的执行控制。

【例 4-6】　用卫式 BLOCK 语句实现控制执行。

```
     ENTITY latch IS
     PORT(d，clk：IN BIT;
          q，qb：OUT BIT);
     END latch;
     ARCHITECTURE latch_guard OF latch IS
     BEGIN
     G1：
     BLOCK(clk='1')
     BEGIN
     q<=GUARDED d AFTER 5ns;
     qb<=GUARDED NOT(d) AFTER 5ns;
     END BLOCK G1;
     END latch_guard;
```

由上述程序可知，卫式 BIOCK 语句的书写格式为

BLOCK (卫式表达式)

当卫式表达式为真时，则 BLOCK 语句被执行，否则将跳过 BLOCK 语句。在 BLOCK 块中的信号传送语句前都要加一个前卫关键词 GUARDED，以表明只有在条件满足时此语句才会执行。

在实际的电路设计中，是否应用 BLOCK 语句对于原结构体的逻辑功能的仿真结果不会产生任何影响。从技术交流、程序移植、排错等角度看，恰当地使用 BLOCK 语句是很有益的，但从综合的角度来看，BLOCK 语句的存在没有任何的实际意义，在综合过程中，VHDL 综合器会略去所有的块语句。正因为如此，在划分结构体中的功能语句时，一般不采用块结构，而是采用元件例化的方式。例化方式的语法结构将在后续章节进行介绍。

4.3.3　子结构之进程(PROCESS)语句结构

PROCESS 是最常用的 VHDL 语句之一，极具 VHDL 特色。一个结构体中可以含有多个 PROCESS 结构，每一个 PROCESS 结构对于其敏感信号参数表中定义的任一敏感参量的变化，该进程可以在任何时刻被激活。不但所有被激活的进程都是并行运行的，当 PROCESS 与其他并行语句(包括其他 PROCESS 语句)一起出现在结构体内时，它们之间也是并行的。不管它们的书写顺序如何，只要有相应的敏感信号的变化就能启动 PROCESS 立刻执行，所以 PROCESS 本身属于并行语句。

进程虽归类为并行语句，但其内部的语句却是顺序执行的，当设计者需要以顺序执行的方式描述某个功能部件时，就可将该功能部件以进程的形式写出来。由于进程的顺序性，编写者不能像写并行语句那样随意安排 PROCESS 内部各语句的先后位置，必须密切关注所写语句的先后顺序，不同的语句书写顺序将导致不同的硬件设计结果。

PROCESS 的语句格式如下所示：

[进程名]：PROCESS(信号 1，信号 2…)

[进程说明部分]

BEGIN

⋮

END PROCESS;

进程名是进程的命名，并不是必需的。括号中的信号是进程的敏感信号，任一个敏感信号改变，进程中由顺序语句定义的行为就会重新执行一遍。进程说明部分对该进程所需的局部数据环境进行定义。BEGIN 和 END PROCESS 之间是由设计者输入的描述进程行为的顺序执行语句。进程行为的结果可以赋给信号，并通过信号被其他的 PROCESS 或 BLOCK 读取或赋值。当进程中最后一个语句执行完成后，执行过程将返回到进程的第一个语句，以等待下一次敏感信号变化。

如上所述，PROCESS 语句结构通常由三部分组成：进程说明部分、顺序描述语句部分和敏感信号参数表。进程说明部分主要是定义一些局部量，可包括数据类型、常数、变量、属性、子程序等，例如 PROCESS 内部需要用到变量时，需首先在说明部分对该变量的名称、数据类型进行说明。顺序描述语句部分可分为赋值语句、进程启动语句、子程序调用语句、顺序描述语句和进程跳出语句等。敏感信号参数表列出用于启动本进程可读入的信号名。

例 4-7 所示的结构体是一个状态机的局部，进程名为 St_change，完成的功能是实现当前状态变为下一状态。其中 Current_stat 表示当前状态，Next_stat 表示下一状态。这是一个典型的含有进程的结构体。

【例 4-7】　状态机结构体。

```
ARCHITECTURE   examOFstat   OF states_mach IS
BEGIN
St_change：PROCESS(clk)
     BEGIN
IF (clk' EVENT AND clk='1') THEN
          Current_stat<=Next_stat ;
```

```
        END IF;
        END PROCESS;
    ⋮
    END examOFstat;
```

此进程中的进程名为 St_change，进程的敏感信号为时钟信号 clk。每出现一个时钟脉冲的变化就运行一次 BEGIN 和 END 之间的顺序描述语句。由于时钟变化包括上升沿和下降沿，为了准确描述，此程序的进程内部用了一个条件判断语句：

```
    IF (clk' EVENT AND clk='1') THEN  …
```

该语句用来判断时钟信号是否为上升沿，只有当上升沿到来时，"Current_stat<=Next_stat"赋值语句才会被执行，如此循环往复。

若要扩展例 4-7 的功能，使之具备复位功能，只需在 PROCESS 的敏感信号表中添加复位信号"reset"作为敏感信号，使进程也对复位信号"敏感"。因此该进程只要 clk 或 reset 两信号中的任何一个发生变化都将引起进程的执行。这里特别强调，必须在进程的敏感信号表中加入"reset"，否则复位信号有效时，不会引起进程的任何动作。

由于 reset 有高电平、低电平两种可能，所以该进程内部通过 IF 语句对 reset 信号的电平进行判断。加入了"reset"敏感信号的程序见例 4-8，该程序的 reset 信号高电平有效，因而程序通过语句：

```
    IF reset='1'  THEN Current_stat<=st0;
```

判断复位信号是否有效，若有效则使当前状态复位到状态 st0。

【例 4-8】　在状态机结构体中加入"reset"敏感信号。

```
    ⋮
    St_change：PROCESS(clk，reset)
        BEGIN
            IF reset='1' THEN Current_stat<=s0;
    ELSIF (clk' EVENT AND clk='1') THEN
            Current_stat<=Next_stat ;
        END IF;
    END IF;
    END PROCESS;
    ⋮
```

在进行进程的设计时，需要注意以下几个方面的问题：

(1) 同一结构体中的进程是并行的，但同一进程中的逻辑描述是顺序运行的。

(2) 进程是由敏感信号的变化启动的，如果没有敏感信号，则在进程中必须有一个显式的 WAIT 语句来激励。如例 4-6 中若进程敏感信号表中无任何敏感信号，则其进程内部必须包含一条 WAIT 语句，以便代替敏感信号表来监视信号的变化情况。如例 4-7 部分可改为如下所示：

```
    St_change：PROCESS
        BEGIN
            WAIT UNTIL clk ;                        --等待 clk 信号发生变化；
```

```
                IF (clk' EVENT AND clk='1') THEN
        ⋮
    END PORCESS;
```

可以说，WAIT 语句是一种隐式的敏感信号表，事实上，任何一个进程的敏感信号表与 WAIT 语句必具其一，而一旦有了敏感信号表就决不允许使用 WAIT 语句。

(3) 结构体中多个进程之间的通信是通过信号和共享变量值来实现的。也就是说，对于结构体而言，信号具有全局特性，是进程间进行并行联系的重要途径，所以进程的说明部分不允许定义信号和共享变量。

4.3.4　子结构之子程序 FUNCTION 语句结构

所谓子程序，就是在主程序调用它之后能将处理结果返回到主程序的程序模块，是一个 VHDL 程序模块，利用顺序语句来定义和完成各种算法。其含义与其他高级语句中的子程序概念相当，可以反复调用。但从硬件角度看，VHDL 的综合工具对每次被调用的子程序或函数都要生成一个电路模块，因此编程者在频繁调用子程序时需考虑硬件的承受能力。

每次调用子程序时，都要首先对其进行初始化，即一次执行结束后再调用需再次初始化。因此，子程序内部的值是不能保持的。

在 VHDL 中有两种类型的子程序：函数(Function)和过程(Procedure)。过程与其他高级语言中的子程序相当，函数则与其他高级语言中的函数相当。

在 VHDL 语言中，函数语句的书写格式如下：

```
FUNCTION 函数名(参数 1；参数 2；…)RETURN 数据类型名；--函数首
FUNCTION 函数名(参数 1；参数 2；…)          --函数体
        RETURN 数据类型名 IS               --函数体要求的返回类型
[说明语句]
BEGIN
     [顺序处理语句]
END 函数名；
```

若函数是在程序包内编制的，则该函数首必须出现在程序包的说明部分，而函数体需放在程序包的包体内；而当函数是在某结构体内编写并被本结构体使用时，则函数首部分可省略，所以函数首部分并不是必需的。

在 VHDL 语言中，FUNCTION 语句只能计算数值，不能改变其参数的值，所以其参数的模式只能是 IN，通常可以省略不写。FUNCTION 的输入值由调用者拷贝到输入参数中，如果没有特别指定，在 FUNCTION 语句中按常数处理。FUNCTION 的顺序语句中通常都有 "RETURN 表达式语句；"其返回表达式类型必须和函数体要求的返回类型一致。

通常情况下，各种功能的函数语句的程序都被集中在程序包中，并且可以在结构体的语句中直接调用。

【例 4-9】　函数程序例。

```
LIBRARY IEEE;
USE IEEE.STD_LOGIC_1164.ALL;
```

```
PACKAGE MYPKG IS
FUNCTION sum4 (s1,s2,s4:integer)
                 RETURN integer;
END MYPKG;
PACKAGE BODY   MYPKG   IS
FUNCTION sum4 (s1,s2,s4:integer)
                 RETURN integer   IS
variable tmp:integer ;
BEGIN
tmp:=s1+s2+s4;
    RETURN tmp;
END;
END MYPKG;
```

当例 4-9 被编译过之后，就可在其他实体中直接引用程序包 MYPKG 中的函数 sum4 了，只不过引用前需打开函数所在的程序包 MYPKG。

例 4-10 给出了一个实体调用函数 sum4 的情况。

【例 4-10】　函数调用。

```
LIBRARY IEEE;
USE IEEE.STD_LOGIC_1164.ALL;
USE WORK.MYPKG.ALL;
ENTITY examOFfunc IS
PORT (in1,in2,in4: IN INTEGER RANGE 0 TO 4;
        result: OUT INTEGER RANGE 0 TO 15);
END examOFfunc;
ARCHITECTURE a OF examOFfunc IS
BEGIN
result<=sum4(in1,in2,in4);
END a;
```

该程序调用函数 sum4 的语句

```
result<=sum4(in1,in2,in4);
```

用 in1、in2、in4 代替了函数在程序包内定义时的参数 s1、s2、s4。函数的返回值 tmp 被赋予 result。同时，由例 4-10 可以看出，函数只能返回一个函数值。

有时同一个函数名定义的函数其动作并不相同，如函数 "+" 执行的动作是将其左右的操作数相加。原先定义 "+" 号左右的操作数的数据类型应该一致，如

```
FUNCTION "+" (L: STD_LOGIC_VECTOR; R: STD_LOGIC_VECTOR)
RETURN STD_LOGIC_VECTOR;
```

但当编程需要将一个 STD_LOGIC 类型的数据与 INTEGER 类型的数据相加时，就必须对 "+" 增加一个新定义：

```
FUNCTION "+"(L:STD_LOGIC_VECTOR;R:INTEGER)
```

　　　　RETURN STD_LOGIC_VECTOR;

或者　　　FUNCTION "+" (L: INTEGER; R: STD_LOGIC_VECTOR)

　　　　RETURN STD_LOGIC_VECTOR;

　　这两个"+"的新定义允许"+"号左边(或右边)为 STD_LOGIC_VECTOR 类型而右边(或左边)为 INTEGER 类型。

　　以上对运算符重新定义,但运算符不改名,这就是函数的重载。

4.3.5　子结构之子程序 PROCEDURE 语句结构

　　在 VHDL 语言中,过程语句的书写格式如下:

　　　　PROCEDURE　过程名(参数表)　　　　　　　　--过程首部分

　　　　PROCEDURE　过程名(参数 1;参数 2;…)IS　　　--过程体部分

　　　　[定义语句]

　　　　BEGIN

　　　　[顺序处理语句]

　　　　END　过程名;

　　在 PROCEDURE 结构中,参数可以是 IN、OUT、INOUT 等多种模式。过程中的输入输出参数都应列在紧跟过程名的括号内。

　　【例 4-11】　译码器过程语句。

```
LIBRARY IEEE;
USE IEEE.STD_LOGIC_1164.ALL;
PACKAGE MYPKG1 IS
END MYPKG1;
PACKAGE BODY   MYPKG1 IS
PROCEDURE decoder
        (SIGNAL code:IN   INTEGER RANGE 0 TO 4;
        SIGNAL de_out:OUT STD_LOGIC_VECTOR(4 DOWNTO 0) IS
    VARIABLE decoder: STD_LOGIC_VECTOR(4 DOWNTO 0));
BEGIN
    CASE code IS
        WHEN 0 => decoder := "0001";
        WHEN 1 => decoder := "0011";
        WHEN 2 => decoder := "0110";
        WHEN 4 => decoder := "1100";
        WHEN OTHERS=>decoder := "XXXX";
    END CASE;
    de_out<= decoder;
  END decoder;
END MYPKG1;
```

过程调用后，对于给定的 code，则会输出相应的码字。与 PROCESS 相同的是，过程结构中的语句也是顺序执行的。调用者在调用过程前应先将初始值传递给过程的输入参数。然后启动过程语句，按顺序自上至下执行过程结构中的语句，执行结束，将输出值拷贝到调用者制定的变量或信号中。

　　与函数相同的是，过程体中的参数说明部分只是局部的，其中的各种定义只能用于过程体内部。过程体中的顺序语句部分可以包含任何顺序执行的语句，包括 WAIT 语句，但需要注意的是，如果一个过程是在进程中调用的，且该进程已列出了敏感参量表，则不能在此过程中使用 WAIT 语句。

　　综上所述，函数与过程在定义与功能上都极相似，它们主要的不同点可总结为：

　　(1) 过程内部无 RETURN 语句，但可通过其界面获得多个返回值；函数通过 RETURN 语句得到返回值，但只有一个。

　　(2) 函数的参数传递始终是输入方向，而过程的参数可以是输出也可是输入(有 IN、OUT、INOUT)。

　　(3) 函数通常作为一个表达式的一部分，而过程更多地是作为一个语句来使用。

4.4　程序包、库及配置

　　除了实体和结构体外，程序包、库及配置是在 VHDL 语言中另外三个可以各自独立进行编译的源设计元件。

4.4.1　程序包

　　程序包的实体中定义的各种数据类型、子程序和元件调用说明等只能局限在该实体内或结构体内调用，其他实体不能使用。出于资源共享的目的，VHDL 提供了程序包(Pakage)的机制。程序包如同公用的"工具箱"，各种数据类型、子程序等一旦放入程序包，就成为共享的"工具"，各个实体都可使用程序包定义的"工具"。

　　程序包的语句格式如下所示：

　　　　PACKAGE　程序包名　IS

　　　　[说明语句]

　　　　END　程序包名；

　　　　PACKAGE BODY　程序包名　IS

　　　　[程序包体说明语句]

　　　　END　程序包名；

　　为了方便设计，VHDL 提供了一些标准程序包。例如 STANDARD 程序包，它定义了若干数据类型、子类型和函数，前面提到过的 BIT 类型就是在这个包中定义的。STANDARD 程序包已预先在 STD 库中编译好，并且自动与所有模型连接，所以设计单元无需作任何说明，就可以直接使用该程序包内的类型和函数。

　　另一种常用的 STD_LOGIC_1164 程序包，定义了一些常用的数据类型和函数，如 STD_LOGIC、STD_LOGIC_VECTOR 类型。它也预先在 IEEE 库中编译过，但是在设计中要用到时，需要在实体说明前加上调用语句：

        LIBRARY IEEE;   --打开 IEEE 库

        USE IEEE. STD_LOGIC_1164.ALL;   --调用其中的 STD_LOGIC_1164 程序包

此外还有其他一些常用的标准程序包，如 STD_LOGIC_UNSIGNED 和 STD_LOGIC_SIGNED，这两个包都预先编译于 IEEE 库内，这些程序包重载了可用于 INTEGER、STD_LOGIC 及 STD_LOGIC_VECTOR 几种类型数据之间混合运算的运算符，如"+"的重载运算符在计数器的 VHDL 描述中的使用情况见例 4-12。

【例 4-12】 重载运算符"+"在计数器的 VHDL 描述中的使用。

```
LIBRARY IEEE;
USE IEEE.STD_LOGIC_1164.ALL;
USE IEEE.STD_LOGIC_UNSIGNED.ALL;
ENTITY counter IS
        PORT( clk : IN    STD_LOGIC;
            Q : BUFFER STD_LOGIC_VECTOR(2 downto 0));
END counter;
ARCHITECTURE a OF counter IS
BEGIN
        PROCESS(clk)
        BEGIN
          IF clk' event and clk='1' THEN
          Q<=Q+1;                      --注意该语句"+"两侧的数据类型
          END IF;
        END PROCESS;
    END a;
```

该例中，Q 是 STD_LOGIC_VECTOR 类型，但它却与整数"1"直接相加，这完全得益于程序包 STD_LOGIC_UNSIGNED 中对"+"进行了函数重载，其重载语句为

function"+"(L: STD_LOGIC_VECTOR; R: INTEGER) return STD_LOGIC_VECTOR;

例 4-13 给出了程序包 STD_LOGIC_ARITH 的部分内容，该程序包也是常用程序包，它在 STD_LOGIC_1164 的基础上定义了三个数据类型 UNSIGNED、SIGNED 和 SMALL_INT 及其相关的算术运算符和转换函数。

【例 4-13】 STD_LOGIC_ARITH 程序包。

```
LIBRARY IEEE;
USE IEEE.STD_LOGIC_1164.ALL;
package STD_LOGIC_ARITH is
    type UNSIGNED is array (NATURAL range <>) OF STD_LOGIC;
    type SIGNED is array (NATURAL range <>) OF STD_LOGIC;
    subtype SMALL_INT is INTEGER range 0 to 1;
    ⋮
function "+"(L: STD_ULOGIC; R: SIGNED) return SIGNED;
```

    ⋮

    function "-"(L: INTEGER; R: SIGNED) return STD_LOGIC_VECTOR;

    ⋮

    function "*"(L: UNSIGNED; R: SIGNED) return STD_LOGIC_VECTOR;

    ⋮

    function CONV_INTEGER(ARG: STD_ULOGIC) return INTEGER;

    ⋮

    END STD_LOGIC_ARITH;

除了标准程序包外，用户也可以自己定义程序包。例 4-8 就是一个自己定义程序包的例子，自定义的程序包和标准程序包一样，也要通过调用才能使用。如要用例 4-9 中的 MYPKG 程序包，则要在实体说明前加上语句：

    USE WORK . MYPKG .ALL;

4.4.2　库

VHDL 语言中的库(Library)用以存放已编译过的设计单元(包括实体说明、结构体、配置说明、程序包)，库中的内容可以用作其他 VHDL 描述的资源。库相当于一个存放共享资源的仓库，所有已完成的设计资源只有存入某个"库"内才可被其他实体所共享。在 VHDL 语言中，库的说明总是放在设计单元的最前面，表明该库内的资源对以下的设计单元开放。

库(LIBRARY)语句格式如下：

    LIBRARY　库名；

常用的库有 IEEE 库、STD 库、WORK 库。

(1) IEEE 库：包含了支持 IEEE 标准和其他一些工业标准的程序包，其中 STD_LOGIC_1164、STD_LOGIC_UNSIGNED、STD_LOGIC_ARITH 等程序包是目前最常用、最流行的程序包。使用 IEEE 库必须事先用语句 LIBRARY IEEE 进行声明。

(2) STD 库是 VHDL 的标准库，VHDL 在编译过程中自动使用这个库，所以使用时不需要语句说明，即类似"LIBRARY　STD；"这样的语句是不必要的。

(3) WORK 库是用户的现行工作库，用户设计的设计成果将自动存入这个库中，所以像"LIBRARY WORK"这种语句也是无必要的。

由于一个库内资源很多，因此使用库时在打开库后，还要说明使用的是库中哪一个程序包以及程序包中的项目名。说明格式如下：

    LIBRARY　库名；

    USE　库名.程序包.使用的项目

库在被使用前均需加上上面这两条语句。

库的典型应用如：

    LIBRARY IEEE;　　　　　　　　　　　　--打开 IEEE 库

    USE IEEE.STD_LOGIC_1164.ALL;　　　--使用 IEEE 库内的 STD_LOGIC_1164

    USE IEEE.STD_LOGIC_UNSIGNED.ALL; --和 STD_LOGIC_UNSIGNED 程包内的所有资源

4.4.3　配置

有时，为了满足不同设计阶段或不同场合的需要，对某一个实体我们可以给出几种不同形式的结构体描述，这样，其他实体调用该实体时，就可以根据需要选择其中某一个结构体。另外，大型电路仿真时，需要选择不同的结构体，以便进行性能对比试验，确认性能最佳的结构体。以上这些工作可用配置(CONFIGURATION)语句来完成。

配置语句的基本书写格式如下：

　　　　CONFIGURATION　配置名　OF　实体名　IS

　　　　[配置语句说明]

　　　　END　配置名；

例如，一个 RS 触发器，用两个结构体描述，分别是行为描述方式的结构体 rs_behav 与结构描述方式的结构体 rs_constru。若要选用行为描述方式结构体，可在描述语句中加上下面这段配置说明。

【例 4-14】　用行为描述方式的结构体描述 RS 触发器。

```
CONFIGURATION confr OF rsff    IS
    FOR rs_behav;
    END FOR;
END confr;
```

配置就像设计的零件清单，将所需的结构体描述装配到每一个实体。对于标准 VHDL 语言，配置说明并非是必需的，如果没有说明，则默认结构体为最新编译进工作库的那个。

4.5　VHDL 的并行语句

VHDL 的描述语句分为并行语句和顺序语句两种。并行语句主要用来描述模块之间的连接关系，顺序语句一般用来实现模型的算法部分。并行语句之间是并行的关系，当某个信号发生变化时，受此信号触发的所有语句同时执行。顺序语句严格按照书写的先后次序顺序执行。由上面的介绍我们可以知道，只有进程和子程序内部才允许使用顺序语句，其他语句都是并行语句。

常用的并行语句有进程语句(进程作为一个整体与其他语句之间是并行的关系)、并行信号赋值(包括简单信号赋值语句、选择信号赋值语句、条件信号赋值语句)、元件例化、生成语句等。进程语句前已述及，此处不再赘述。

4.5.1　简单信号赋值语句

简单信号赋值语句的语句格式为

　　　　目标信号<=表达式；

要求语句左右的数据类型必须相同。

【例 4-15】　简单信号赋值语句示例。

```
ENTITY simp_s IS
        PORT
        (
                in1, in2, in4      : IN STD_LOGIC;
                out1, out2         : OUT STD_LOGIC
        );
END simp_s;
ARCHITECTURE exam OF simp_s IS
BEGIN
        out1 <=in1 AND in2 ;              --建立了一个与门
        out2 <= in4;                      --将 d、e 两个节点连接起来
END exma;
```

例 4-15 中的两个赋值语句是并行语句，所以它们是并行关系。其中的信号 in1、in2、in4 相当于 PROCESS 语句的敏感信号，它们的变化将触发赋值语句的执行，重新计算表达式的值。假设现在信号 in1 或 in2 先发生变化，则语句"out1<= in1 AND in2；"先被执行；信号 in4 先变化，则语句"out2<=in4；"先被执行；信号 in1 或 in2 中的至少一个与 in4 同时发生变化，则两条语句同时被执行。从以上过程可以看出，语句的执行先后与语句的书写顺序无关，这就是并行语句之间的并行关系。

4.5.2　选择信号赋值语句

选择信号赋值语句(Selected Signal Assignment Statement)的语句格式如下：

```
WITH  选择表达式  SELECT
目标信号<=表达式  WHEN  选择表达式的值,
              表达式  WHEN  选择表达式的值,
                  ⋮
              表达式  WHEN  选择表达式的值;
```

【例 4-16】　四选一电路程序。

```
LIBRARY IEEE;
 USE IEEE. STD_LOGIC _1164.ALL;
 USE IEEE. STD_LOGIC _UNSIGNED.ALL;
ENTITY mux4 IS
    PORT(input：IN STD_LOGIC _VECTOR(3 DOWNTO 0);
            sel：IN STD_LOGIC _VECTOR(1 DOWNTO 0);
             y：OUT STD_LOGIC );
END mux；
ARCHITECTURE rtl OF mux4    IS
BEGIN
  WITH sel SELECT
```

```
        y<=input(0)   WHEN 0,
            input(1)   WHEN 1,
            input(2)   WHEN 2,
            input(3)   WHEN 3,
            'X'        WHEN OTHERS;
    END rtl;
```

注意，用 WITH_SELECT_WHEN 语句赋值时，必须列出所有的输入取值，且各值不能重复。例 4-16 中最后一句 WHEN OTHERS 包含了所有未列举出的可能情况，此句必不可少。特别是对于 STD_LOGIC 类型的数据，由于该类型数据取值除了"1"和"0"外，还有可能是"U"、"X"、"Z"、"-"等情况，若不用 WHEN OTHERS 代表未列出的取值情况，编译器将指出"赋值涵盖不完整"。

【例 4-17】　　选择表达式为枚举类型示例。

```
    PACKAGE state_pkg IS
            TYPE states IS (s1,s2,s4,s4);
    END state_pkg;
    USE work.state_pkg.ALL;
    ENTITY selsin IS
            PORT
            (   prestat: IN states;
                nextstat: OUT states);
    END selsin;
    ARCHITECTURE exam OF selsin IS
    BEGIN
    WITH prestat    SELECT
            nextstat <=    s4    WHEN s1 | s2,
                           s4    WHEN s4,
                           s1    WHEN s3;
    END maxpld;
```

本例中，当前状态 prestat 的值为 s1 或 s2 时(用 s1 | s2 表示)，下一状态 nextstat 为 s4；当前状态 prestat 的值为 s4 时，下一状态 nextstat 为 s4；当前状态 prestat 的值为 s3 时，下一状态 nextstat 回到 s1。

4.5.3　条件信号赋值语句

条件信号赋值语句(Conditional Signal Assignment Statement)的格式如下：

```
    目标信号<=表达式 WHEN 条件表达式　ELSE
            表达式 WHEN 条件表达式　ELSE
                ⋮
                表达式;
```

条件信号赋值语句与选择信号赋值语句最大的区别在于：选择信号赋值语句的各个"选择表达式的值"处于同一优先级，而条件信号赋值语句的各"赋值条件"具有优先顺序。当条件信号赋值语句被执行时，每个条件表达式将按其书写的顺序进行：

(1) 某个条件表达式的条件满足，其值为"真"，则该条件表达式对应的关键词 WHEN 之前的表达式的值将赋值给目标信号。

(2) 当几个条件表达式都测试为"真"时，优先级较高的那个条件表达式所对应的关键词 WHEN 之前的表达式的值将赋值给目标信号。

(3) 若所有条件表达式都不满足，则最后一个 ELSE 关键词后的表达式值将赋给目标信号。

【例 4-18】　用条件信号赋值语句描述四选一多路选择器的结构体如下：

```
ARCHITECTURE   rtl   OF mux4_1 IS
    BEGIN
    y<=input(0) WHEN sel=0 ELSE
        input(1) WHEN sel=1 ELSE
        input(2) WHEN sel=2 ELSE
        input(3);
    END rtl;
```

例 4-18 中的条件表达式仅根据一个信号 sel 的值决定赋值行为，这种情况下 sel 的几个条件表达式的书写顺序不影响程序的运行结果。

【例 4-19】　状态判断器示例。

```
ENTITY cond_s IS
        PORT
        (
                left, mid, right    : IN STD_LOGIC;
                result              : OUT STD_LOGIC_VECTOR(2 downto 0)
        );
END cond_s;
ARCHITECTURE exam OF cond_s    IS
BEGIN
result <="101"   WHEN   mid = '1'    ELSE        --当 mid = '1'时，不管其他为何值
        "011"   WHEN   left = '1'    ELSE        --当 left = '1'且 mid = '0'时
        "110"   WHEN   right = '1'   ELSE        --当 right = '1'，left = '0'且 mid ='0' 时
        "000" ;                                 --当 right、left、mid 均不为'1' 时
END exam;
```

例 4-19 中对不同的信号 right、left、mid 进行了判断，此时它们的书写顺序将决定程序的运行结果，如当 right = "1"而同时有 left = "1"时，由于 left 的先书写，所以 result 将赋值为"011"而不是"110"。

通常，当某逻辑功能既可以用选择信号赋值语句描述，也可以用条件信号赋值语句描述时，应尽量用选择信号赋值语句描述。

4.5.4 元件例化语句

元件例化语句在前面的举例中曾经用到过，用来调用已编译过的库单元或低一级的实体，通过关联表将实际信号与定义端口对应联系起来。

元件例化语句通常分元件声明部分与元件例化部分，格式如下：

元件声明部分

COMPONENT 元件名 IS

GENERIC (参数表);

PORT(端口名表);

END COMPONENT;

元件例化部分

例化名：元件名 PORT MAP (端口名=> 连接端口名，…);

【例 4-20】 用元件例化语句设计单元 D 触发器。

LIBRARY IEEE;

USE IEEE.STD_LOGIC_1164.ALL;

LIBRARY Altera;

USE Altera.MAXPLUS2.ALL;

ENTITY dffe_v IS

PORT(D,Clk,Clrn,Prn,Ena : IN STD_LOGIC;

Q : OUT STD_LOGIC);

END dffe_v;

ARCHITECTURE a OF dffe_v IS

BEGIN

rod1: DFFE

PORT MAP (D =>D,CLK=>Clk,CLRN=>Clrn, PRN=>Prn, ENA=>Ena, Q=>Q);

END a;

例 4-20 使用了元件例化语句，但并未使用 COMPONENT 元件声明，而是直接调用了库 Altera 内部的程序包 MAXPLUS II 内的 dffe 元件描述了一个包含预置位、清零功能的带使能的 D 触发器，通过引脚匹配 PORT MAP 将 dffe 的各端口与实体 dffe_v 的各端口连接了起来，如图 4-4 所示。

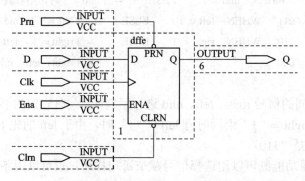

图 4-4 通过元件例化语句设计的单元 D 触发器电路原理图

元件例化语句的引脚匹配 PORT MAP(…)内的匹配方式有按位置匹配、按名字匹配与位置、名字混合匹配三种。

设有元件声明为

    COMPONENT halfadder

      PORT(a，b：IN STD_LOGIC;

            sum，carry：OUT STD_LOGIC);

      END COMPONENT;

则按位置匹配时，位置的不同将导致不同的例化结果：

    u1：halfadder PORT　MAP(a1，b1，sum1，cout1)

按名字匹配时，摆放位置可任意：

    u1：halfadder PORT　MAP(a=>a1，b=>b1，carry=>cout1 ，sum=>sum1);

按位置、名字混合匹配，有

    u1：halfadder PORT　MAP(a=>a1，b=>b1，sum=>sum，cout1);

对整个系统自顶向下逐级分层细化的描述，也离不开元件例化语句。分层描述时可以将子模块看做是上一层模块的元件，运用元件说明和元件例化语句来描述高层模块中的子模块。而每个子模块作为一个实体仍然要进行实体的全部描述，同时它又可将下一层子模块当作元件来调用，如此下去，直至底层模块。

系统的层次化设计可以通过一个 4 位加法器的例子来说明。设计中，4 位加法器由 4 个全加器和一个半加器组成。全加器又由 2 个半加器和 1 个或门组成。将 4 位加法器自顶向下分层设计，可分为三层：顶层实体是 4 位加法器 add4，第二层实体是全加器 fulladd，底层实体是半加器 halfadd 和或门 gateor。具体的描述见例 4-21，相应的元件、内部例化结构及结构原理图如图 4-5、图 4-6 和图 4-7 所示。

【例 4-21】　4 位加法器设计示例。

```
--底层实体描述
LIBRARY IEEE;
USE IEEE.STD_LOGIC_1164.ALL;
ENTITY halfadd IS
     PORT( a ,b: IN STD_LOGIC;
              sum,hcarry:OUT STD_LOGIC);
     END halfadd;
     ARCHITECTURE ha OF halfadd IS
     BEGIN
       sum<=a XOR b;
       hcarry<=a AND b;
     END;

LIBRARY IEEE;
USE IEEE.STD_LOGIC_1164.ALL;
```

```
ENTITY gateor IS
    PORT(in1,in2:IN STD_LOGIC;
            y:OUT STD_LOGIC);
    END gateor;
    ARCHITECTURE or2 OF gateor IS
    BEGIN
      y<=in1 OR in2;
    END or2;
```

--第二层实体描述

```
LIBRARY IEEE；
USE IEEE.STD_LOGIC_1164.ALL；
ENTITY fulladd IS
    PORT(in1，in2，cin：IN STD_LOGIC；
            Fsum，fcarry：OUT STD_LOGIC)；
END fulladd；
ARCHITECTURE fadd    OF fulladd IS
SIGNAL temp_sum，temp_carry1，temp_carry2：STD_LOGIC；
COMPONENT halfadd
    PORT(a，b：IN STD_LOGIC；
            sum，hcarry：OUT STD_LOGIC)；
END COMPONENT；
COMPONENT orgate
    PORT(in1，in2：IN STD_LOGIC；
            gout：OUT STD_LOGIC)；
END COMPONENT；
BEGIN
u0：halfadd    PORT MAP(a=>i1，b=>i1，sum=>temp，carry=>carry1)；
u1：halfadd    PORT MAP(a=>temp，b=>cin，sum=>fsum，carry=>carry2)；
u2：orgate    PORT MAP(in1=>carry1，in2=>carry2，gout=>fcarry)；
END fadd_arc；
```

--顶层描述：

```
LIBRARY IEEE；
USE IEEE.STD_LOGIC_1164.ALL；
ENTITY add4 IS
PORT (a1，a2，a4，a4：IN STD_LOGIC；
        b1，b2，b4，b4：IN STD_LOGIC；
```

　　　　　sum1，sum2，sum3，sum4：OUT STD_LOGIC；

　　　　　cout4：OUT STD_LOGIC）；

END add4；

ARCHITECTURE　add_arc　OF add4 IS

SIGNAL cout1，cout2，cout4：STD_LOGIC；

COMPONENT halfadd

　PORT(a，b：IN STD_LOGIC；

　　　　sum，hcarry：OUT STD_LOGIC)；

END COMPONENT；

COMPONENT fulladd

　PORT(in1，in2，cin：IN STD_LOGIC；

　　　　fsum，fcarry：OUT STD_LOGIC)；

END COMPONENT；

BEGIN

u1：halfadd　PORT　MAP(a=>a1，b=>b1，sum=>sum1，

　　　　　　　　　　hcarry=>cout1)；

u2：fulladd　PORT　MAP(in1=>a2，in2=>b2，cin=>cout1，

　　　　　　　　　　fsum=>sum2，fcarry=>cout2)；

u3：fulladd　PORT　MAP(in1=>a3，in2=>b3，cin=>cout2，

　　　　　　　　　　fsum=>sum3，fcarry=>cout3)；

u4：fulladd　PORT　MAP(in1=>a4，in2=>b4，cin=>cout3，

　　　　　　　　　　fsum=>sum4，fcarry=>cout4)；

END add4_arc；

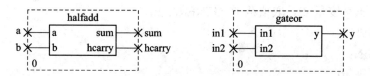

图 4-5　实体 halfadd 与实体 gateor 形成的两个元件

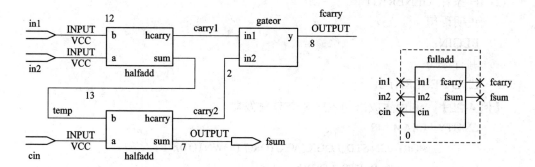

图 4-6　实体 fulladd 的内部例化结构及其符号

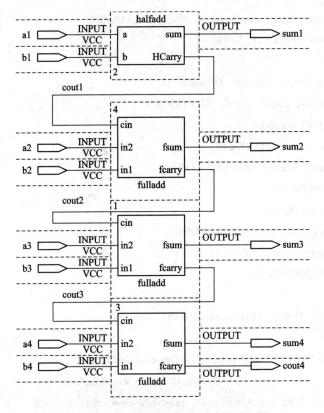

图 4-7 实体 add4 元件例化的结构原理图

4.5.5 生成语句

生成语句主要用来自动生成一组有规律的单元结构，有下面两种形式：

(1) FOR 循环变量 IN 取值范围 GENERATE；

　　说明语句；

　　BEGIN；

　　并行语句；

　　END GENERATE；

(2) IF 条件 GENERATE；

　　说明语句；

　　BEGIN；

　　并行语句；

　　END GENERATE；

【例 4-22】　利用生成语句生成 8 个 D 触发器。

```
ENTITY   EXAM   IS
         PORT(d:IN STD_LOGIC_VECTOR(7 DOWNTO 0);
             clk: IN STD_LOGIC;
               q: OUT STD_LOGIC_VECTOR(7 DOWNTO 0));
```

```
    END EXAM;
    ⋮
            COMPONENT DFF
                PORT(d，clk：IN STD_LOGIC;
                        q：OUT STD_LOGIC);
    END COMPONENT;
    ⋮
    FOR i IN 0 TO 7 GENERATE
    u1：dff   PORT MAP (d(i)，clk，q(i)) ;
    END GENERATE;
```

4.6   VHDL 中的顺序语句

前已述及，顺序语句的执行顺序与它们的书写顺序基本一致，它们只能应用于进程和子程序中。顺序语句主要有顺序赋值语句、IF 语句、CASE 语句、LOOP 语句、WAIT 语句。

4.6.1   顺序赋值语句

该语句虽然与并行信号赋值语句同为赋值功能，但它们是有区别的。并行的赋值语句的赋值目标只能是信号，而顺序赋值语句不但可对信号赋值，也可对变量赋值。

对变量赋值时，其语句格式为

变量赋值目标:=赋值源；

对信号赋值时，其语句格式为

信号赋值目标<=赋值源；

4.6.2   IF 语句

IF 语句与并行语句中的条件信号赋值语句的功能相当，因为这两条语句中的"条件表达式"都有"优先级"，且均为先写的条件具有较高优先级。

IF 语句有两种基本格式：两分支 IF 语句与多分支 IF 语句，其语句格式如下：

两分支 IF 语句

```
    IF  条件表达式  THEN
    顺序语句；
    ELSE  顺序语句；
    END IF;
```

多分支 IF 语句

```
    IF  条件表达式  THEN
    顺序语句；
    ELSIF  条件表达式  THEN
```

　　　　顺序语句；

　　　ELSE

　　　　顺序语句；

　　　END IF；

　　提醒读者：多分支 IF 语句中的"ELSIF"并不是"ELSE IF"，书写时需要注意。

　　【例 4-23】　描述一个反向器。

　　　　⋮

　　　IF a='0' THEN　　b<='1';

　　　　　　ELSE　b<='0';

　　　END IF；

　　　　⋮

　　【例 4-24】　描述一个带清零端 clrn 的 D 触发器。

　　　　⋮

　　　SIGNAL　qout:STD_LOGIC;

　　　IF clrn='0'

　　　　　　THEN qout<='0';　　　　　　　--若清零端有效，则输出清 0

　　　　ELSIF clk' event and clk='1'

　　　　　　THEN　qout<=d ;　　　　　--清零端无效，则时钟上升沿时输出为 d

　　　END IF；

　　　　⋮

　　若要该 D 触发器再增加使能端 en(要求高电平时使能)，则语句改为

　　　　⋮

　　　IF clrn='0'

　　　　　　THEN qout<='0';

　　　ELSIF clk' event and clk='1' THEN

　　　　　　IF en='1' THEN qout<=d ;　　--若使能端有效，则输出为 d

　　　　　　ELSE　　qout<=qout ;　　　　　--若使能端无效，则保持原值

　　　　　　END IF；

　　　END IF；

　　　　⋮

4.6.3　CASE 语句

　　CASE 语句与并行语句中的选择信号赋值语句的功能相当，因为这两条语句中"表达式"的取值之间没有优先级之分。

　　CASE 语句的语句格式为

　　　CASE　表达式　IS

　　　WHEN　　常数值　=>顺序语句；

　　　WHEN　　常数值　=>顺序语句；

⋮

END CASE；

用一个例子了解 CASE 语句的使用方法。例 4.25 描述了一个七段译码器，可将 BCD 码转成数字显示码，有四个输入引脚，对应输入"0000"～"1001"代表 0~9 数字；有七个输出引脚，分别对应到七段显示器的 a、b、c、d、e、f、g 七段 LED(本题设这七段 LED 是共阴极的，即当该 LED 输入高电平时发光，输入低电平时无光)，如图 4-8 所示。

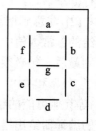

图 4-8 七段译码器

【例 4-25】 七段译码器设计。

```
LIBRARY IEEE;
USE IEEE.STD_LOGIC_1164.ALL;

ENTITY sevenv IS
        PORT(D    : IN   INTEGER RANGE 0 TO 9;
                 S    : OUT        STD_LOGIC_VECTOR(0 DOWNTO 6));
END sevenv ;
ARCHITECTURE a OF sevenv IS
BEGIN
   PROCESS(D)
            BEGIN
        CASE D IS
            WHEN 0 => S<="1111110";        --a~g 分别为 1111110，显示为 0
            WHEN 1 => S<="0000110";        --1
            WHEN 2 => S<="1101101";        --2
            WHEN 3 => S<="1111001";        --4
            WHEN 4 => S<="0110011";        --4
            WHEN 5 => S<="1011011";        --5
            WHEN 6 => S<="1011111";        --6
            WHEN 7 => S<="1110000";        --7
            WHEN 8 => S<="1111111";        --8
            WHEN 9 => S<="1111011";        --9
            WHEN OTHERS => S<="0000000";--全部熄灭；
        END CASE;
   END PROCESS;
END a;
```

使用 CASE 语句需注意以下几点：

(1) 当执行到 CASE 语句时，首先计算表达式的值，将计算结果与备选的常数值进行比较，并执行与表达式值相同的常数值所对应的顺序语句。知道了这个过程就很容易理解，若某个常数值出现了两次，而两次所对应的顺序语句不相同，编译器将无法判断究竟应该执行哪条语句，因此 CASE 语句要求 WHEN 后所跟的备选常数值不能重复。

(2) 注意到例 4.25 中 CASE 语句的最后有一句"WHEN OTHERS"语句。该语句代表已给的各常数值中未能列出的其他可能的取值。除非给出的常数值涵盖了所有可能的取值，否则最后一句必须加"OTHERS"。比如某信号是 STD_LOGIC 类型，则该信号可能的取值除了"1"和"0"外，还有可能是"U"(未初始化)、"X"(强未知)、"Z"(高阻)、"-"(忽略)等其他可能的结果，若不加该语句，编译器会给出错误信息，指出若干值没有指定(如有的编译器给出错信息"choices 'u' to '-'　not specified")。

(3) CASE 的常数值部分表达方法有：单个取值(如 7)、数值范围(5 TO 7，即取值为 5、6、7)、并列值(如 4|7 表示取 4 或取 7 时)。

(4) 对于本身就有优先关系的逻辑关系(如优先编码器)，用 IF 语句比用 CASE 语句更合适。

4.6.4　WAIT 语句

WAIT 语句即等待语句，表示程序顺序执行该语句时，将暂停，直到某个条件满足后才继续执行其后语句。WAIT 语句常用的格式为

　　　　WAIT UNTIL　条件表达式；

如常用语句"WAIT UNTIL clk='1'AND clk EVENT；"代替进程中的敏感信号表 PROCESS(clk)。

4.6.5　LOOP 语句

LOOP 语句即循环语句，与其他高级语言一样，循环语句使它所包含的语句重复执行若干次。VHDL 的循环语句有两种基本格式：

(1) [标号]：FOR 循环变量 IN 循环范围 LOOP

　　　　　　顺序语句；

　　　　　　END LOOP [标号]；

(2) [标号]：WHILE　条件表达式　LOOP

　　　　　　顺序语句；

　　　　　　END LOOP[标号]；

FOR 后的循环变量是临时的，因此不必事先定义，但该变量不能被赋值，它只是使被循环语句按一定规律重复执行的中间工具。

【例 4-26】　LOOP 语句示例。

　　　⋮

　　FOR i IN 0 TO 7　LOOP

　　　　　　Q[i]<=datin[i];

　　END LOOP;

　　　⋮

例 4-26 相当于连续执行了 8 条赋值语句。

【例 4-27】　用 LOOP 语句设计累加过程。

```
        ⋮
WHILE Q<255   LOOP
            Q<=Q+1;
END LOOP;
        ⋮
```

例 4-27 表示一个累加的过程。但需注意，并不是所有的综合器都支持 WHILE 格式，多数综合器仅支持 FOR LOOP 的循环语句。

4.7　VHDL 语言的客体及其分类

VHDL 语言中凡是可以赋予一个值的对象均称为客体。而我们知道，VHDL 语言是一种硬件描述语言，硬件电路的工作过程实际上是信号流经其中变化至输出的过程，所以 VHDL 语言最基本的客体就是信号。为了便于描述，还定义了另外两类客体：变量和常量。在电子电路设计中，这 3 类客体通常都具有一定的物理含义。信号对应地代表物理设计中某一条硬件连接线；常数对应地代表数字电路中的电源和地等。当然，变量的对应关系不太直接，通常只代表暂存某些值的载体。3 类客体的含义和说明场合如表 4-2 所示。

表 4-2　VHDL 语言 3 类客体的含义和说明场合

客体类别	含　　义	说 明 场 合
信　　号	信号说明全局量	实体，结构体，程序包
变　　量	变量说明局部量	进程，函数，过程
常　　数	常数说明全局量	以上场合均可存在

4.7.1　常数

常数(Constant)是一个固定的值。所谓常数说明，就是对某一常数名赋予一个固定的值。通常赋值在程序开始前进行，该值的数据类型则在说明语句中指明。常数说明的一般格式如下：

CONSTANT 常数名：常数类型：=表达式

例如下面这个语句定义了一个时间类型的常量，其初值为 15 ns：

CONSTANT delay1：TIME：=15 ns；

常数一旦赋值就不能再改变。另外，常数所赋的值应和定义的数据类型一致。如下面格式的说明就是错误的：

CONSTANT　Vcc：REAL：= " 0101 " ；

其中 REAL 是实数，赋值时必须要包含小数部分，而所赋值 "0101" 显然不对。

4.7.2　变量

变量(VARIABLE)只能在进程语句、函数语句和过程语句结构中定义和使用，它是一个局部变量，可以多次进行赋值。在仿真过程中，它不像信号，到了规定的仿真时间才进行赋值，变量的赋值是立即生效的。变量说明语句的格式为

      VARIABLE 变量名：数据类型 约束条件：=初始表达式；

例如定义一个 8 位的变量数组的语句如下所示：

      VARIABLE temp：STD_LOGIC_VECTOR (7 DOWNTO 0)；

变量的赋值符号是 ":="，变量的赋值是立刻发生的，因而不允许产生附加时延。例如 a、b、c 都是变量，则使用下面的语句产生时延是不合法的：

      a:=b+c AFTER 10ns；

4.7.3 信号

信号(SIGNAL)可看做硬件连线的一种抽象表示，它既能保持变化的数据，又可连接各元件作为元件之间数据传输的通路。信号通常在结构体、程序包和实体中说明。信号说明的格式如下：

      SIGNAL 信号名：数据类型 约束条件 表达式

例如：

      SIGNAL qout：STD_LOGIC_VECTOR (4 DOWNTO 0)；

在程序中，信号值的代入采用符号 "<="，信号代入时可以产生附加时延，如 4.7.2 小节中的 a、b、c 若为信号，则给出的语句就是合法的。

信号是一个全局变量，可以用来进行进程之间的通信。在 VHDL 语言中对信号赋值一般是按仿真时间来进行的，而且信号值的改变也需按仿真时间的计划表行事。

归纳起来，信号与变量的区别主要有以下几点：

(1) 值的代入形式不同，信号值的代入采用符号 "<="，而变量的赋值语句为 ":="。

(2) 信号是全局量，是一个实体内部各部分之间以及实体之间(实际上端口 PORT 被默认为信号)进行通信的手段；而变量是局部量，只允许定义并作用于进程和子程序中，变量须首先赋值给信号，然后由信号将其值带出进程或子程序。

(3) 操作过程不相同。在变量的赋值语句中，该语句一旦执行，其值立刻被赋予新值。在执行下一条语句时，该变量的值就用新赋的值参与运算。而在信号赋置语句中，该语句虽然已被执行，但新的信号值并没有立即代入，因而下一条语句执行时，仍使用原来的信号值。在结构体的并行部分，信号被赋值一次以上编译器将给出错误报告，指出同一信号出现了两个驱动源。进程中，对同一信号赋值超过两次编译器将给出警告，指出只有最后一次赋值有效。

【例 4-28】 变量与信号的区别。

```
LIBRARY IEEE;
USE IEEE.STD_LOGIC_1164.ALL;
USE IEEE.STD_LOGIC_UNSIGNED.ALL;
ENTITY exam IS
PORT(clk:in STD_LOGIC;
        qa:out STD_LOGIC_VECTOR(4 downto 0);
```

```
            qb:out STD_LOGIC_VECTOR(4 downto 0)
        );
    END exam;
    ARCHITECTURE compar OF exam    IS
    SIGNAL    b : STD_LOGIC_VECTOR(4 DOWNTO 0):="00000";
    BEGIN
        PROCESS (clk)
        VARIABLE a : STD_LOGIC_VECTOR(4 DOWNTO 0):="00000";
        BEGIN
            IF clk'event AND clk='1' THEN
            a:=a+1;
            a:=a+1;
            b<=b+1;                --这条语句对程序运行结果无影响
            b<=b+1;
            END IF;
            qa<=a;                 --变量的值可以传送给信号,信号将其值带出进程或子程序
            qb<=b;
        END PROCESS;
    END compar;
```

图 4-9 是程序的仿真结果,从图中可清楚地看到,虽然变量 a 与信号 b 在语句上完全相同,但它们的运行效果却相差甚远。由于变量的赋值指令执行后,其赋值行为是立刻进行的,因此在每次 clk 启动进程后,变量 a 都要被连加两次 1。而信号 b 的运行结果相当于每次进程只执行了一次加 1 操作,这是因为当信号的赋值语句被执行后,赋值行为并不立刻发生,而须等进程执行结束,即退出进程后才根据最近一次的对 b 赋值语句将有关值代入 b。

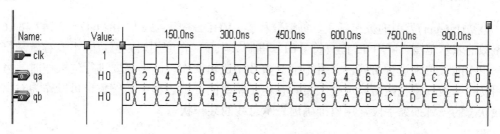

图 4-9　例 4-28 程序的仿真结果

正确认识信号与变量的区别对编程者正确表达其描述意图有重要作用,希望读者通过此例加深理解。

4.8　VHDL 语言的标准数据类型

在 VHDL 语言中,每个客体都有特定的数据类型。为了能够描述各种硬件电路,创建

高层次的系统和算法模型，VHDL 具有很宽的数据类型。除了有很多预定义的数据类型可直接使用外，用户还可自定义数据类型，这给设计人员带来了较大的自由和方便。

下面介绍一些常用的标准数据类型。

4.8.1　位

在数字系统中，信号值通常用一个位(bit)来表示。位值的表示方法是，用字符 0 或 1 放在单引号中表示。位和整数中的 0 和 1 不同，'0' 和 '1' 仅仅表示一个位的两种取值。

位数据可以用来描述数字系统中总线的值。位数据不同于布尔数据，可以利用转换函数进行变换。

4.8.2　位矢量

位矢量(Bit_vector)是用双引号括起来的一组位数据。例如："001100"，H "00BE"。位矢量前的 H 表示是十六进制。位矢量可以表示十进制、二进制以及十六进制等的位矢量，表示时只要在前面加上相应的特征字符就可以了。

4.8.3　布尔量

一个布尔量(Boolean)有两种状态："真"或者"假"。布尔量初值通常为 FALSE。虽然布尔量也是二值枚举量，但它和位不同，没有数值的含义，也不能进行算术运算，而只能进行关系运算。例如，可以在 IF 语句中进行测试，测试结果产生一个布尔量 TRUE 或 FALSE，并以此结果控制其他语句的执行与否。如语句"IF clk='1'　THEN…"在信号 clk 确实为"1"的情况下，表达式 "clk='1' "的取值为 TRUE，此时将执行 THEN 后的语句，否则 THEN 后的语句不会被执行。

4.8.4　整数

整数(Integer)类型的数包括正、负整数和零。VHDL 中，$-2\,147\,484\,647 \sim 2\,147\,484\,647$ 是整数的表示范围，可用 42 位有符号的二进制数表示。在应用时，整数既不能看做是位矢量，也不能按位来进行访问，并且不能对整数用逻辑操作符。当需要进行位操作时，可以使用转换函数，将整数转换成位矢量。在电子系统的开发过程中，整数也可以作为对信号总线状态的一种抽象手段，用以准确地表示总线的某一状态。

4.8.5　实数

实数(Real)的定义值范围为 $-1.0E+48 \sim +1.0E48$。实数有正负数，书写时一定要有小数点。当小数部分为零时，也要加上其小数部分，例如 4.0 若表示为 4 则会出现语法错误。

值得读者注意的是，虽然 VHDL 提供了实数这一数据类型，但仅在仿真时可使用该类型。综合过程时，综合器是不支持实数类型的，原因是综合的目标是硬件结构，而要想实现实数类型通常需要耗费过大的硬件资源，这在硬件规模上无法承受。

4.8.6　字符

字符(Character)也是一种数据类型，所定义的字符量通常用单引号括起来，如 'A'。一般情况下 VHDL 对字母的大小写不敏感，但是对于字符量中的大小写字符则认为是不一样的。字符可以是英文字母中的任一个大小写字母、0～9 中的任一个数字以及空白或特殊字符。

4.8.7　字符串

字符串(String)是由双引号括起来的一个字符序列，也称为字符矢量或字符串数组。如"VHDL Programmer"。字符串常用于给出程序的说明。

4.8.8　时间

时间(Time)是一个物理量数据。完整的时间数据应包含整数和单位两部分，而且整数和单位之间至少应留一个空格的位置。如 10 ns、55 min 等。设计人员常用时间类型的数据在系统仿真时表示信号延时，从而使模型系统能更逼近实际系统的运行环境。

4.8.9　错误等级

错误等级(Severity Level)类型数据用来表示系统的状态，共有四种等级：NOTE(注意)，WARNING(警告)，ERROR(出错)，FAILURE(失败)。在系统仿真过程中，操作人员根据这四种状态的提示，随时了解当前系统的工作情况并采取相应的对策。

4.9　VHDL 用户定义的数据类型

由用户定义的数据类型的书写格式为

　　　　TYPE 数据类型名 IS 数据类型定义 OF 基本数据类型；

或　　　　TYPE 数据类型名 IS 数据类型定义；

下面介绍几种常用的用户定义的数据类型。

4.9.1　枚举类型

枚举(Enumerated)类型数据的书写格式为

　　　　TYPE 数据类型名 IS (元素，元素，……)

这类数据应用广泛，可以用字符来代替数字，简化了逻辑电路中状态的表示。例如：描述一周中每一天状态的逻辑电路时，可以定义如下：

　　　　TYPE　week　IS (sun, mon, tue, wed, thr, fri, sat);

再比如，设某控制器的控制过程可用五个状态表示，则描述该控制器时可以定义一个名为 con_states 的数据类型：

　　　　TYPE con_states IS (st0,st1,st2,st3,st4);

　　在结构体的"ARCHITECTURE"与"BEGIN"之间定义此数据类型后，在该结构体中就可直接使用了，如设该控制器需要用到两个名为 current_stat 和 next_stat 的信号，这两个信号的数据类型为 con_states，则可以定义为

　　　　SIGNAL　current_stat，next_stat：con_states；

此后在结构体中就可对 current_stat、next_stat 赋值，如描述使 current_stat 信号状态变为 st4 的赋值语句为

　　　　current_stat<=st4 ;

4.9.2　整数类型

　　我们已知道，整数(Integer)类型的表示范围是 32 位有符号的二进制数范围，这么大范围的数及其运算在 EDA 过程中用硬件实现起来将消耗极大的资源。而另一方面我们涉及的整数范围通常很小，如一个数码管需要显示的数仅为 0～9。由于这个原因，VHDL 使用整数时，要求用 RANGE 语句为定义的整数确定一个范围，VHDL 综合器根据用户指定的范围在硬件中将整数用相应的二进制位表示。

　　用户自定义的整数类型可认为是上面已介绍过的整数类型的一个子类。其书写格式为：

　　　　TYPE　整数类型名　IS　　约束范围；

　　例如，如果由用户定义一个用于数码管显示的数据类型，则可写为

　　　　TYPE　digit　IS　　RANGE　0 TO 9；

4.9.3　数组

　　数组(Array)是将相同类型的数据集合在一起所形成的一个新的数据类型，既可以是一维的，也可以是二维的。数组定义的书写格式为

　　　　TYPE　数据类型名　IS　ARRAY　范围　OF　原数据类型；

　　在这里如果范围这一项没有被指定，则使用整数数据类型，若需用整数类型外的其他数据类型，则在制定数据范围前加数据类型名。例如有数组定义为

　　　　TYPE　dat_bus　IS　ARRAY(15 downto 0) OF　BIT；

该数组名称为 data_bus，共有 16 个元素，下标是 15，14，…，1，0，各元素可分别表示为 dat_bus(15)，…，dat_bus(0)。

　　除了一维数组外，VHDL 还可以有二维、三维数组，如定义一个 16 个字节、每字节 8 位的存储空间的二维数组：

　　　　TYPE ram_16x8 IS ARRAY (0 TO 15) OF STD_LOGIC_VECTOR(7 DOWNTO 0);

4.9.4　用户自定义子类型

　　用户对已定义的数据类型作一些范围限制，由此形成了原数据类型的子类型。子类型的名称通常采用用户较易理解的名字。子类型定义的一般格式为：

　　　　SUBTYPE　子类型名　IS　数据类型名[范围];

例如，在 STD_LOGIC_VECTOR 基础上所形成的子类型：

　　　SUBTYPE　iobus　IS　STD_LOGIC_VECTOR(4 DOWNTO 0)；

子类型可以对原数据类型指定范围而形成，也可以完全和原数据类型范围一致。子类型常用于存储器阵列等数组描述的场合。新结构的数据类型及子类型通常在程序包中定义，再由 USE 语句装载到描述语句中。

有必要提醒读者，用 SUBTYPE 和 TYPE 这两种类型定义语句定义的数据类型有一个很重要的区别：TYPE 定义的数据类型是一个"新"的类型，而 SUBTYPE 定义的类型是原类型的一个子集，仍属原类型，即 SUBTYPE 定义的某数据类型的子类型可以赋值给原类型的数据。

比如，有信号定义为

　　　SIGNAL　s_integ :INTEGER RANGE 0 TO 9;

有子类型定义为

　　　SUBTYPE abc IS INTEGER RANGE 0 TO 9;

有"新"类型定义为

　　　TYPE　cde　IS RANGE 0 TO 9;

有两个变量分别定义为上述的类型：

　　　VARIABLE　sub_v：abc；

　　　VARIABLE　typ_v：cde；

则赋值语句"s_integ <= sub_v"是正确的，因为 sub_v 是 abc 类型，而 abc 是整数类型的子类型，所以 sub_v 可以赋值给整数类型。但语句"s_integ <= typ_v"却是错误的，因为 typ_v 是 cde 类型，而 cde 是新的数据类型，所以虽然 cde 类型的范围也是 0 到 9，但它不可以直接赋值给整数类型。

VHDL 语言是一种类型特性很强的语言，要求进行赋值或其他运算的类型必须与操作对象本身的类型相匹配，而不允许将不同类型的信号连接起来。为了实现正确的代入操作，必须将要代入的数据进行类型变换，变换函数通常由 VHDL 语言的程序包提供。

4.10　VHDL 语言的运算操作符

在 VHDL 语言中共有 4 类操作符，可以分别进行逻辑运算、关系运算、算术运算和并置运算。需要提醒读者的是，被操作符所操作的操作数之间必须是同类型的，且操作数的类型应该和操作符所要求的类型相一致。但若某操作数和某些操作符要求的类型不符，而程序又需要该操作数必须使用这些操作符，此时应先对操作符进行重载，然后才可使用。例如，逻辑操作符(如 AND、XOR 等)要求的数据类型是 BIT 或 BOOLEAN，而 STD_LOGIC 型的数据是不可进行这些操作的，但在程序包 STD_LOGIC_1164 中重载了这些操作符，因此只要 VHDL 程序打开程序包 STD_LOGIC_1164，就可在随后的程序中使用逻辑操作符操作 STD_LOGIC 类型的数据。

另外，运算操作符是有优先级的，例如逻辑运算符 NOT 在所有操作符中的优先级最高。表 4-3 示出了操作符的优先次序。

表 4-3　操作符的优先级

操　作　符	优先等级
NOT，ABS，**	高
*, /，MOD，REM	
+(正号)，−(负号)	
+(加)，−(减)，&(并置)	
SLL，SLA，SRL，SRA，ROL，ROR	
=，/=，<，<=，>，>=	
AND，OR，NAND，NOR，XOR，XNOR	低

4.10.1　逻辑运算符

VHDL 语言中的逻辑运算符共有 7 种，分别为：

NOT——取反；

AND——与；

OR——或；

NAND——与非；

NOR——或非；

XOR——异或；

XNOR——同或(VHLD-94 新增逻辑运算符)。

这 7 种逻辑运算符可以对"STD_LOGIC"和"BIT"等的逻辑型数据、"STD_LOGIC_VECTOR"逻辑型数组及布尔型数据进行逻辑运算。必须注意的是，运算符的左边和右边以及代入的信号的数据类型必须是相同的，否则编译时会给出出错警告。

当一个语句中存在两个以上的逻辑表达式时，在 C 语言中运算有自左至右的优先级顺序的规定，而在 VHDL 语言中，左右没有优先级差别。例如，在下例中，若去掉式中的括号，则从语法上来说是错误的：

　　　　X<=(a AND b) OR c ；(去掉括号还是按照优先级进行运算？)

不过，如果一个逻辑表达式中只有一种逻辑运算符，例如只有"AND"或只有"OR"或只有"XOR"运算符时，那么改变运算的顺序不会导致逻辑的改变，此时括号就可以省略掉。例如：

　　　　a<=b OR c OR d OR e；

4.10.2　算术运算符

VHDL 语言的算术运算符包括：

+ ——加；

− ——减；

* ——乘；

/ ——除；

&——并置；

MOD——求模；

REM——取余；

+ ——正(一元运算)；

– ——负(一元运算)；

** ——指数；

ABS——取绝对值；

SLL、SRL、SLA、SRA、ROL、ROR ——移位操作(VHDL-94 新增操作符)。

在算术运算中，一元运算的操作数可以为任何数据类型。加法和减法的操作数具有相同的整数类型，而且参加加、减运算的操作数的类型也必须相同。乘法、除法的操作数可以同为整数或实数。物理量可以被整数或实数相乘或相除，其结果仍为一个物理量。求模和取余的操作数必须是同一整数类型数据。一个指数运算符的左操作数可以是任意整数或实数，而右操作数应为一整数。

使用算术运算符，要严格遵循赋值语句两边数据位长一致的原则，否则编译时将出错。比如，对"STD_LOGIC_VECTOR"进行加、减运算，则要求操作符两边的操作数和运算结果的位长相同，否则编译时会给出语法出错信息。另外，乘法运算符两边的位长相加后的值和乘法运算结果的位长不同时，同样也会出现语法错误。

此外，使用算术运算符还要考虑操作数的符号问题，IEEE 库内有两个程序包 STD_LOGIC_SIGNED 和 STD_LOGIC_UNSIGNED，这两个程序包都定义了"+"号运算符，但 STD_LOGIC_SIGNED 程序包内的"+"运算符运算时会考虑操作数的符号，而程序包 STD_LOGIC_UNSIGNED 内的"+"运算符却不考虑操作数的符号(请读者思考什么情况下考虑?)。

有一种特殊的运算，称为并置运算(或连接运算)，用符号"&"表示，它表示两部分的连接关系，并置运算符&不允许出现在赋值语句左边。例如"JLE"&"–2"的结果为"JLE–2"。

【例 4-29】　&运算符示例。

```
LIBRARY IEEE;
USE IEEE.STD_LOGIC_1164.ALL;
USE IEEE.STD_LOGIC_UNSIGNED.ALL;
ENTITY mux4 IS
   PORT (input:IN STD_LOGIC_VECTOR(4 DOWNTO 0);
              a,b:IN STD_LOGIC;
                 y: OUT STD_LOGIC );
   END mux4;
ARCHITECTURE rtl OF mux4   IS
      SIGNAL sel:STD_LOGIC_VECTOR(1 DOWNTO 0);
BEGIN
   sel<=a&b;                                        --使用了&运算符
   WITH sel SELECT
      y<=input(0) WHEN "00",
         input(1) WHEN "01",
```

```
                  input(2) WHEN "10",
                  input(4) WHEN "11",
                  'z'       WHEN OTHERS;
      END rtl;
```

例 4-29 中的信号 sel 是两位数组，而作为选择信号输入的 a、b 都是一位数据，此时就可使用并置符号 "&" 将两个一位的 a、b 合并成两位，然后直接将 a、b 赋值给 sel。

在数据位较长的情况下，使用算术运算符进行运算，特别是乘法和除法运算符，应特别慎重。因为乘除法综合后所对应的硬件电路将耗费巨大的硬件资源，如对于 16 位的乘法运算，综合后的逻辑门电路有可能会超过 2000 个门。实际上，当硬件资源有限而必须有乘法操作时，通常可用加法的形式实现乘法运算，这样可有效节约硬件资源。例 4-30 就是一个应用加法实现乘法的典型例子，也是并置运算符的典型应用，其运算原理见图 4-10。

```
            a    1    1    1    被乘数
            b    1    1    0    乘数
          ─────────────────────────────
                 0    0    0    temp1
            1    1    1          temp2
      1    1    1                temp3
    ─────────────────────────────────────
      1    0    1    0    1    0
```

图 4-10　应用加法实现 3 × 3 乘法运算原理

【例 4-30】　3 × 3 乘法器。

```
LIBRARY IEEE;
USE IEEE.STD_LOGIC_1164.ALL;
USE IEEE.STD_LOGIC_UNSIGNED.ALL;
ENTITY mul3_3 IS
    PORT(a,b    : IN STD_LOGIC_VECTOR(2 DOWNTO 0);
            m: OUT STD_LOGIC_VECTOR(5 DOWNTO 0));
END mul3_3;
ARCHITECTURE    exam OF mul3_3 IS
        SIGNAL    temp1: STD_LOGIC_VECTOR(2 DOWNTO 0);
        SIGNAL    temp2: STD_LOGIC_VECTOR(3 DOWNTO 0);
        SIGNAL    temp3: STD_LOGIC_VECTOR(4 DOWNTO 0);
BEGIN
        temp1<=a WHEN b(0)='1'   ELSE   "000";
        temp2<=(a & '0')   WHEN b(1)='1'   ELSE "0000";
        temp3<=(a & "00")   WHEN b(2)='1'   ELSE "00000";
        m<=temp1+temp2+('0' & temp3);
END exam;
```

以 MAX Ⅱ 芯片为仿真对象进行仿真分析，使用此并置运算符实现 3 × 3 乘法器总共用了 12 个逻辑单元，而使用普通的乘法运算符实现此乘法，将耗费 17 个逻辑单元。3 × 3 乘法器运算结果如图 4-11 所示。

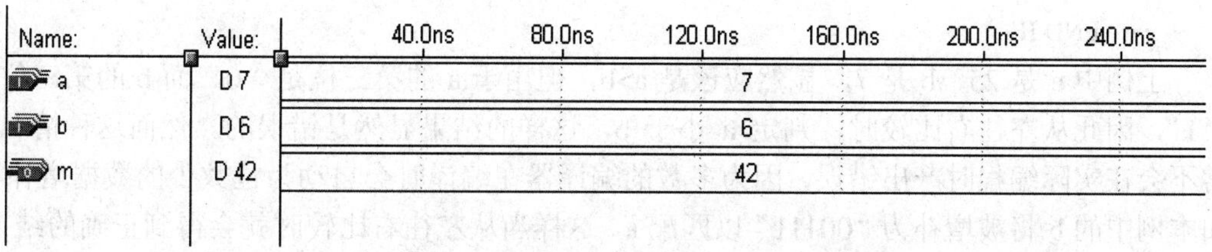

图 4-11　3×3 乘法器运算结果

VHDL-94 标准新增了六种移位操作符：SLL、SRL 是逻辑左移、右移操作符；SLA、SRA 是算术移位操作符；ROL、ROR 是向左、向右循环移位操作符，它们移出的位将用于依次填补移空的位。逻辑移位与算术移位的区别在于：逻辑移位是用"0"来填补移空的位，而算术移位把首位看做是符号，移位时保持符号不变，因此移空的位用最初的首位来填补。如有变量定义为

VARIABLE exam：STD_LOGIC_VECTOR(4 DOWNTO 0):="11011";

则执行逻辑左移语句"exam SLL 1；"后，变量 exam 的值变为"10110"，而执行算术左移指令"exam SLA 1；"后，变量 exam 的值变为"10111"。注意到因为是左移，所以这里的首位是最右边的一位。

4.10.3　关系运算符

VHDL 语言中有 6 种关系运算符，如下所示：

= ——等于；

/= ——不等于；

< ——小于；

>——大于；

<= ——小于等于；

>= ——大于等于。

在关系运算符的左右两边是运算操作符，不同的关系运算符对两边的操作数的数据类型有不同的要求。其中等号和不等号可以适用于所有类型的数据。其他关系运算符则可用于整数和实数、位等枚举类型以及位矢量等数组类型的关系运算。在进行关系运算时，左右两边操作数的类型必须相同，但是位长度不一定相同。在利用关系运算符对位矢量数据进行比较时，比较过程从最左边的位开始，自左至右按位进行比较。在位长不同的情况下，只能将自左至右的比较结果作为关系运算的结果。例如，对 2 位和 4 位的位矢量进行比较：

SIGNAL a：STD_LOGIC_VECTOR(4 DOWNTO 0)；

SIGNAL b：STD_LOGIC_VECTOR(2 DOWNTO 0)；

a<= " 11001 " ；

b<= " 111 " ；

IF (a<b)THEN

　　　⋮

ELSE

$\vdots$

END IF;

上例中 a 是 25，b 是 7，显然应该是 a>b，但由于 a 的第三位是"0"而 b 的第三位是"1"，因此从左往右比较时，判定 a 小于 b，这样的结果显然是错误的。然而这种情况通常不会在实际编程时产出错误，因为多数的编译器在编译时会自动为位数少的数据增补 0，如本例中的 b 将被增补为"00111"以匹配 a，这样当从左往右比较时就会得到正确的结果。

实际设计过程中，有时需要对不同数据类型的数据进行比较，因此在程序包"STD_LOGIC_UNSIGNED"中对"STD_LOGIC_VECTOR"关系运算符重新作了定义，使其可以正确地进行关系运算。例如对关系运算符">="的某条重载语句为

FUNCTION ">=" (L: INTEGER; R: STD_LOGIC_VECTOR) RETURN BOOLEAN;

其他关系运算符的重载函数可参见附录。

关系运算符中的小于等于运算符"<="与信号赋值时的符号"<="是相同的。读者在阅读 VHDL 语言程序时，应按照上下文关系来判断此符号到底是关系运算符还是代入符。

习　题

1．什么是硬件描述语言？它与一般的高级语言有哪些异同？
2．用 VHDL 设计电路与传统的电路设计方法有何区别？
3．VHDL 程序有哪些基本的部分？
4．什么是进程的敏感信号？进程语句与赋值语句有何异同？
5．什么是并行语句、顺序语句？
6．怎样使用库及库内的程序包？列举出三种常用的程序包。
7．BIT 类型与 STD_LOGIC 类型有什么区别？
8．信号与变量使用时有何区别？
9．BUFFER 与 INOUT 有何异同？
10．为什么实体中定义的整数类型通常要加上一个范围限制？
11．怎样将两个字符串"hello"和"world"组合为一个 10 位长的字符串？
12．IF 语句与 CASE 语句的使用效果有何不同？
13．使用 CASE 语句时是否一定要加语句"WHEN OTHERS"？为什么？
14．改正以下程序中的错误之处。

```
ENTITY basiccount IS
 PORT(clk:IN BIT;
        q:OUT BIT_VECTOR(7 DOWNTO 0));
END basiccount;
ARCHITECTURE a OF basiccount IS
BEGIN
        PROCESS(clk)
            IF clk'event AND clk='1' THEN
```

```
                              q<=q+1;
                   END IF;
              END PROCESS;
         END a;
```

15．试编写一个程序包，该程序包内部定义了一个枚举类型与一个函数，其中函数的功能是对输入的两个数比较大小。

16．判断下列语句是否有错，有则改之。

```
     ⋮
SIGNAL invalue :INTEGER RANGE 0 TO 15;
    SIGNAL outvalue:STD_LOGIC;
     ⋮
CASE invalue IS
         WHEN 0=>outvalue<='1';
         WHEN 1=>outvalue<='0';
END CASE;
     ⋮
```

第 5 章　基本数字电路的 EDA 实现

【本章提要】　本章介绍基本数字电路的设计思路与 VHDL 编程描述方法，主要内容如下：

- 基本门电路；
- 触发器；
- 编码器；
- 译码器；
- 计数器；
- 移位寄存器；
- 有限状态机。

功能或结构复杂的数字电路，都可以通过设计前的设计分析将功能与结构分解为常用的逻辑单元电路。例如一个数字钟电路，其基本结构如图 5-1 所示。

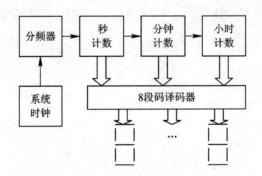

图 5-1　数字钟电路基本结构图

图中，系统时钟通常是较高频率的时钟信号，如 50 MHz 时钟，而数字钟电路控制秒钟所需最小频率为 1 Hz，因此需要通过分频器对高频的时钟信号进行分频。分频后的时钟信号周期为 1 秒，该信号控制秒计数器进行 60 进制递增计数，每过 60 秒送进位信号给后续的分钟计数器递增加 1；分钟计数器同样为 60 进制递增计数器，每过 60 分钟送进位信号给后续的小时计数器递增加 1；小时计数器为 24 进制递增计数器。秒、分、时计数器的输出不能直接由 8 段数码管实时显示，需经过 8 段译码器进行译码后才能控制 8 段数码管显示相应数值。

从图 5-1 可以看出，数字钟这种结构相对复杂的数字电路，经过功能分解后只需熟悉计数器、译码器这两种常用逻辑电路即可进行设计。因此，作为数字电路 EDA 设计的基础，本章将介绍基本数字电路的 VHDL 描述方法。

5.1　基本门电路的设计

基本门电路主要用来实现基本的输入输出之间的逻辑关系，包括与门、非门、或门、与非门、或非门、异或门、同或门等。本节以与门、或门、异或门为例介绍用 VHDL 描述这些基本门电路的方法。两输入与门、或门、异或门的真值表如表 5-1 所示。

表 5-1　门电路真值表

输入信号		输　出		
		与门	或门	异或门
a	b	c	c	c
0	0	0	0	0
0	1	0	1	1
1	0	0	1	1
1	1	1	1	0

用 VHDL 描述基本门电路，有两种基本方法：查表法与逻辑算符法。

【例 5-1】　用查表法实现表 5-1 所示的真值表。

```
LIBRARY IEEE;
USE IEEE.STD_LOGIC_1164.ALL;
ENTITY  gates  IS
    PORT(        a,b: IN STD_LOGIC;
            cand,cor,cxor:OUT STD_LOGIC);
END gates;
ARCHITECTURE a OF gates IS
SIGNAL din:STD_LOGIC_VECTOR(1 DOWNTO 0);
BEGIN
    din<=a&b;
    PROCESS(a,b)
    BEGIN
        CASE din IS
        WHEN "00"=>cand<='0';cor<='0';cxor<='0';
        WHEN "01"=>cand<='0';cor<='1';cxor<='1';
        WHEN "10"=>cand<='0';cor<='1';cxor<='1';
        WHEN "11"=>cand<='1';cor<='1';cxor<='0';
        WHEN OTHERS=>null;
        END CASE;
    END PROCESS;
END a;
```

该程序中，用 CASE 语句对各种输入取值时的相应逻辑门输出作了罗列，相当于直接描述了真值表。

例 5-2 描述逻辑功能时直接使用了 AND、OR、XOR 等逻辑算符，读者可比较这两例在描述风格方面的差异。

【**例 5-2**】 用逻辑算符法实现表 5-1 所示的真值表。

```
LIBRARY IEEE;
USE IEEE.STD_LOGIC_1164.ALL;
ENTITY  gates  IS
    PORT(          a,b: IN STD_LOGIC;
             cand,cor,cxor:OUT STD_LOGIC);
END gates;
ARCHITECTURE a OF gates IS
BEGIN
    cand<=a AND b;
    cor<=a OR b;
    cxor<= a XOR b;
END a;
```

例 5-1 与例 5-2 虽然描述风格不同，但均能得到相同的逻辑结果，二者的仿真结果均如图 5-2 所示。图 5-2 将输入信号 b、a 依次取值"00"、"01"、"10"、"11"，与真值表的输入取值一一对应，这是一种常用的仿真设置方法。

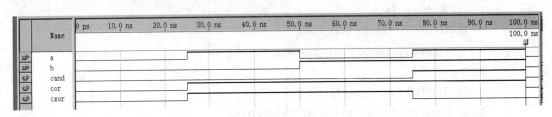

图 5-2 两输入门电路仿真结果

将例 5-1 或例 5-2 通过在系统编程下载入本书配套的 CPLD 电路板进行硬件验证，按照以下步骤进行：

(1) 确定管脚对应关系。输入信号 a、b 与按键 K1、K0 一一对应；输出信号 cand、cor、cxor 分别与发光二极管 D2～D0 一一对应。

(2) 由 Quartus Ⅱ进行管脚分配。K1、K0 在 MAX Ⅱ芯片上对应的管脚号依次为 27、26；D2～D0 在 MAX Ⅱ芯片上对应的管脚号依次为 86～88。

(3) 电平定义。以 D2～D0 的亮代表输出信号对应位的电平为"1"，D2～D0 的灭代表输出信号对应位的电平为"0"；按键 K1、K0 按下时相当于输入信号为低电平，不按下时相当于输入信号为高电平。

(4) 输入验证。以只按下 K0 为例，表示输入信号 a="0"而 b="1"，此时与门对应的输出二极管 D2 应处于灭状态，或门对应的输出二极管 D1 应处于亮状态，异或门对应的输出二极管 D0 应处于亮状态，程序中对应的其他情况同此。

硬件验证结果表明本节所示程序能够实现基本门电路的逻辑功能。

5.2　触发器的设计

　　触发器为具有记忆功能的装置，可储存两种不同的状态："0"或"1"。借助输入状态的改变，可改变储存的状态，但由于系统需要同步变化，故通常用计时脉冲的上升沿触发储存数据的改变，其他时刻触发器是被"锁住"的。触发器常被用于计数器、寄存器等设计中。D 触发器是最常用的触发器，其他数字电路中包括的各种触发器都可以由 D 触发器外加一部分组合逻辑电路转换而来。

　　基本触发器的特征方程为

$$Q_{n+1} = D$$

　　从该特征方程分析，可知基本 D 触发器应包括数据输入端 d、时钟输入端 clk、输出端 q。实用的 D 触发器还设置了复位信号、置位信号、使能信号等控制信号，这些控制信号都可以设计为异步或同步控制功能。异步与同步的区别在于控制信号是否需要在时钟到达时才有效。例如，所谓异步复位是指只要复位端有效，不需等时钟的上升沿到来就立刻使触发器输出端 q 清零；异步置位是指只要置位端有效，不需等时钟的上升沿到来就立刻使触发器输出端 q 置位。若异步复位端与异步置位端同时有效，则输出为不定状态。

　　由于硬件实际情况的复杂性，系统刚开始工作时并不能确保处于所需要的初始状态。这一问题在使用了异步复位信号或异步置位信号后得到了解决。当异步复位信号有效时，输出端立刻为"0"，或当异步置位信号有效时，输出端立刻为"1"。

　　带复位信号、置位信号与使能信号的 D 触发器除了基本触发器应具备的信号外，还要增加复位信号端 clrn、置位信号端 prn、使能输入端 ena。

　　本节将以一个带异步复位/置位端、同步使能 D 触发器为例，介绍用 VHDL 语言描述触发器的基本方法，其真值表见表 5-2。

表 5-2　异步复位/置位端、同步使能 D 触发器真值表

输入端					输出端
prn	clrn	ena	clk	d	q
0	1	X	X	X	1
1	0	X	X	X	0
0	0	X	X	X	X
1	1	0	↑(上升沿)	X	qn
1	1	1	↑	1	1
1	1	1	↑	0	0

　　从表 5-2 中可以看出，当预置位端 prn(或复位端 clrn)有效时(低电平)，无论时钟和数据输入信号 d 的电平情况如何，输出都为高电平(或低电平)。而当二者同为低电平，即预置位端与复位端同时有效时，输出不定，用"X"表示。当预置位端 prn 与复位端 clrn 均无效时，随着上升沿的到来，输出逻辑与输入端 d 逻辑值相同。实现表 5-2 所示逻辑功能的 VHDL 程序如例 5-3 所示。

【例 5-3】 带异步复位/置位端、同步使能 D 触发器的 VHDL 程序。

```
LIBRARY IEEE;
USE IEEE.STD_LOGIC_1164.ALL;
ENTITY dffe2 IS
        PORT( d ,clk ,clrn ,prn ,ena : IN    STD_LOGIC;
                          q : OUT    STD_LOGIC );
END dffe2;
ARCHITECTURE a OF dffe2 IS
BEGIN
  PROCESS(clk,prn,clrn,ena,d)
  BEGIN
    IF prn='0' THEN q<='1';
    ELSIF clrn='0' THEN q<='0';
    ELSIF clk'event AND clk='1' THEN
      IF ena='1' then
                      q<=d;
      END IF;
    END IF;
  END PROCESS;
END a;
```

例 5-3 为了实现异步控制的效果，将复位信号 clrn 与置位信号 prn 是否有效的判断语句放在时钟边沿的判断语句之前；而为了实现同步控制的效果，将使能信号 ena 放在时钟边沿的判断语句之后。

该例的仿真结果如图 5-3 所示。观察仿真结果，在使能端 ena = '1' 且 prn、clrn 均无高电平(无效)期间，随着每个时钟上升沿的到来，输出端 q 的输出与输入端 d 的逻辑相同，符合 $Q_{n+1} = D_n$ 的 D 触发器特征方程。而当清零端(clrn)有效时，尽管输入是高电平，输出仍被无条件地复位为 "0"。图中未列出预置位信号 prn 置零(有效)时的输出情况，读者可尝试将预置位信号 prn 置零(有效)，观察输出的情况。

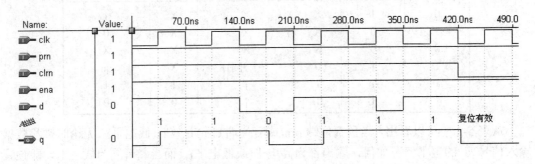

图 5-3　带异步复位/置位的同步使能 D 触发器

将例 5-3 程序下载入本书配套的 CPLD 电路板进行硬件验证，按照以下步骤进行：

(1) 确定管脚对应关系。输入信号 prn、clrn、ena、d 与按键 K0～K3 一一对应；输出信号 q 与发光二极管 D0 对应。

(2) 由 Quartus Ⅱ进行管脚分配：K0～K3 在 MAX Ⅱ芯片上对应的管脚号依次为 26～29；D0 在 MAX Ⅱ芯片上对应的管脚号为 88。

(3) 电平定义。以 D0 的亮代表输出信号对应位的电平为"1"，D0 的灭代表输出信号对应位的电平为"0"；按键 K3～K0 按下时相当于输入信号为低电平，不按时相当于输入信号为高电平。

(4) 按照表 5-3 列举的情况设置按键，可得到相应的结果。

表 5-3　D 触发器的实验结果

输　入　端				输出端
K3 prn	K2 clrn	K1 ena	K0 d	D0 q
0	1	X	X	亮
1	0	X	X	灭
1	1	0	X	亮、灭不变
1	1	1	1	1
1	1	1	0	0

如当 K3 按下时，表明预置位信号有效，此时只要 K2 不按，则无论其他按键是否按下，发光二极管 D0 必定为亮状态，表明 D 触发器的输出为"1"。其他情况请读者自行验证。

5.3　编码器的设计

数字系统所需处理的输入信号经常只能提供一位二进制位，即高电平或低电平信号，而一个系统的输入电平信号一般有很多，数字系统怎样区分这些高、低电平输入信号，就是编码器所需解决的问题。所谓编码，就是取一定二进制位数为一组，把每组二进制码按一定的规律编排，使每组代码代表某个输入信号。当多个信号同时到达数字系统要求处理时，需要根据事先拟定的处理顺序先后进行。用来判断每个信号的优先级别并进行编码的逻辑单元电路称为优先编码器。

5.3.1　BCD 编码器

设某系统有 10 个输入信号，均为低电平有效，要求设计一个编码器，使得这 10 个输入信号中任一个信号有效时，输出相应的自然 BCD 编码。该电路的真值表如表 5-4 所示。用来描述该编码器的 VHDL 程序见例 5-4。

【例 5-4】　BCD 编码器设计。

```
LIBRARY IEEE;
USE IEEE.STD_LOGIC_1164.ALL;
ENTITY coder IS
    PORT(d:IN STD_LOGIC_VECTOR(0 to 9);
```

```
                    b:OUT STD_LOGIC_VECTOR(3 downto 0));
    END coder;
    ARCHITECTURE one OF coder IS
    BEGIN
        WITH d select
        b<=  "0000"      WHEN "0111111111",
             "0001"      WHEN "1011111111",
             "0010"      WHEN "1101111111",
             "0011"      WHEN "1110111111",
             "0100"      WHEN "1111011111",
             "0101"      WHEN "1111101111",
             "0110"      WHEN "1111110111",
             "0111"      WHEN "1111111011",
             "1000"      WHEN "1111111101",
             "1001"      WHEN "1111111110",
             "1111"      WHEN others;
    END one;
```

该编码器的仿真结果如图 5-4 所示，限于篇幅，图中只给出了部分仿真结果。从图 5-4 可以看出，输入的 10 路信号的取值与输出的 BCD 码的对应关系符合表 5-4 所示的逻辑关系。

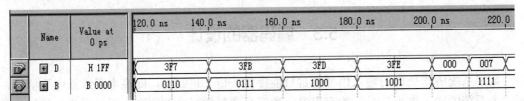

图 5-4　BCD 编码器仿真结果

表 5-4　BCD 编码器真值表

输 入 信 号											输出 BCD 码			
D0	D1	D2	D3	D4	D5	D6	D7	D8	D9	Hex	B3	B2	B1	B0
0	1	1	1	1	1	1	1	1	1	1FF	0	0	0	0
1	0	1	1	1	1	1	1	1	1	2FF	0	0	0	1
1	1	0	1	1	1	1	1	1	1	37F	0	0	1	0
1	1	1	0	1	1	1	1	1	1	3BF	0	0	1	1
1	1	1	1	0	1	1	1	1	1	3DF	0	1	0	0
1	1	1	1	1	0	1	1	1	1	3EF	0	1	0	1
1	1	1	1	1	1	0	1	1	1	3F7	0	1	1	0
1	1	1	1	1	1	1	0	1	1	3FB	0	1	1	1
1	1	1	1	1	1	1	1	0	1	3FD	1	0	0	0
1	1	1	1	1	1	1	1	1	0	3FE	1	0	0	1
其他输入取值											输出保持不变			

将例 5-4 程序下载入本书配套的 CPLD 电路板进行硬件验证，按照以下步骤进行：

(1) 确定管脚对应关系。输入信号 d9～d0 与按键 K9～K0 一一对应；输出信号 b3～b0 与发光二极管 D3～D0 一一对应。

(2) 由 Quartus Ⅱ进行管脚分配。K0～K9 在 MAX Ⅱ芯片上对应的管脚号依次为 26～30，33～37；D0～D3 在 MAX Ⅱ芯片上对应的管脚号依次为 88～85。

(3) 电平定义。以 D3～D0 的亮代表输出信号对应位的电平为"1"，D3～D0 的灭代表输出信号对应位的电平为"0"；按键 K9～K0 按下时相当于输入信号为低电平。

(4) 输入验证。以按下 K1 为例，表示输入信号 d1="0"，此时输出应显示为"0001"，程序中对应的其他情况同此。

通过观察硬件验证的结果，证明例 5-4 所示程序能实现 BCD 编码器的逻辑功能。

5.3.2 格雷码编码器

上节根据 10 路输入信号输出了按 BCD 码规律编排的二进制码，自然 BCD 码每位都有权，因此这种编码可以比较大小。此外，BCD 码与十进制之间的转换也非常方便，但是由于相邻码不同的位有时超过 2 位，这就导致从某码组变换到另一种码组时，有可能发生不同位变化的快慢不同，从而产生瞬间的误码。最典型的例子是从"0111"变化为"1000"时，需要 4 个位都发生变化，假设最低位由 1 变 0 的速度快于其他位的变化速度，则有可能出现瞬间的输出编码为"0110"，这有可能导致误判为是 D3 信号有效，而实际上应是"1000"对应的 D1 信号有效(参见图 5-5)。

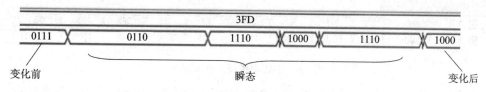

图 5-5　BCD 编码变化过程中出现的瞬态仿真结果

格雷(Gray)码是一种常用的无权码，这种编码的特点是相邻的两个码组之间只有一位不同，这就保证了在码与码变化期间，不会出现瞬态，减少了不同码组之间的干扰。用来描述格雷码的 VHDL 程序如例 5-5 所示，该程序使用了 CASE 语句描述这一编码过程，用 WITH-SELECT 语句也能得到同样的仿真结果。

【例 5-5】　格雷码编码器的 VHDL 程序。

```
LIBRARY IEEE;
USE IEEE.STD_LOGIC_1164.ALL;
ENTITY coder IS
    PORT(d:IN STD_LOGIC_VECTOR(9 downto 0);
        b:OUT STD_LOGIC_VECTOR(3 downto 0));
END coder;
ARCHITECTURE one OF coder IS
  BEGIN
    PROCESS(d)
```

```
        BEGIN
        CASE d IS
        WHEN "0111111111"=>b<="1101" ;
        WHEN "1011111111"=>b<="1100" ;
        WHEN "1101111111"=>b<="0100" ;
        WHEN "1110111111"=>b<="0101" ;
        WHEN "1111011111"=>b<= "0111" ;
        WHEN "1111101111"=>b<= "0110" ;
        WHEN "1111110111"=>b<="0010" ;
        WHEN "1111111011"=>b<= "0011" ;
        WHEN "1111111101"=>b<= "0001" ;
        WHEN "1111111110"=>b<= "0000" ;
        WHEN others=>null;
        END CASE;
        END PROCESS;
     END one;
```

格雷码编码器的仿真结果如图 5-6 所示。

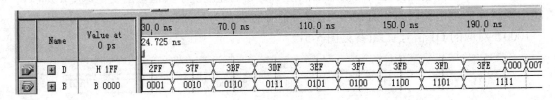

图 5-6　格雷码编码器仿真结果

将例 5-5 程序下载入本书配套的 CPLD 电路板进行硬件验证，按照以下步骤进行：

(1) 确定管脚对应关系。输入信号 d9～d0 与按键 K9～K0 对应；输出信号 b3～b0 与发光二极管 D3～D0 对应。

(2) 由 Quartus Ⅱ 进行管脚分配。K0～K9 在 MAX Ⅱ 芯片上对应的管脚号依次为 26～30，33～37；D0～D3 在 MAX Ⅱ 芯片上对应的管脚号依次为 81～84。

(3) 电平定义。以 D3～D0 的亮代表输出信号对应位的电平为 "1"，D3～D0 的灭代表输出信号对应位的电平为 "0"；按键 K9～K0 按下时相当于输入信号为低电平。

(4) 输入验证。以按下 K1 为例，表示输入信号 D1= "0"，此时输出应显示为 "0001"，程序中对应的其他情况同此。

硬件验证结果表明例 5-5 所示程序能够实现格雷码编码器的逻辑功能。

5.4　译码器的设计

译码是编码的逆过程，其功能是根据输入的二进制编码决定哪路输出信号有效。一般这种逻辑单元电路的输入是二进制编码，而输出是相互独立的多路输出信号。也可将一种编码作为输入，另一种编码作为输出进行译码，从而实现码制转换的功能。具有译码功能的逻辑单元电路称为译码器。

5.4.1　二进制译码器

二进制译码器也称变量译码器，其功能是把输入的 N 位二进制码变换为 2^N 个互相独立的输出。以 3-8 译码器为例，这种译码器输入 3 位二进制编码，输出 8 路信号，根据输入的 3 位编码决定输出 8 路信号中哪路有效。表 5-5 是 3-8 译码器的真值表，其中的 S3～S1 是 3-8 译码器的三个使能信号。

表 5-5　3-8 译码器真值表

输　入					输　出							
S3+S2	S1	C	B	A	$\overline{Y_0}$	$\overline{Y_1}$	$\overline{Y_2}$	$\overline{Y_3}$	$\overline{Y_4}$	$\overline{Y_5}$	$\overline{Y_6}$	$\overline{Y_7}$
0	1	0	0	0	0	1	1	1	1	1	1	1
0	1	0	0	1	1	0	1	1	1	1	1	1
0	1	0	1	0	1	1	0	1	1	1	1	1
0	1	0	1	1	1	1	1	0	1	1	1	1
0	1	1	0	0	1	1	1	1	0	1	1	1
0	1	1	0	1	1	1	1	1	1	0	1	1
0	1	1	1	0	1	1	1	1	1	1	0	1
0	1	1	1	1	1	1	1	1	1	1	1	0
×	0	×	×	×	1	1	1	1	1	1	1	1
1	×	×	×	×	1	1	1	1	1	1	1	1

例 5-6 是不带使能信号的 3-8 译码器的 VHDL 描述，该程序使用了并行语句进行描述。

【例 5-6】　不带使能信号的 3-8 译码器的 VHDL 描述。

```
LIBRARY IEEE;
USE IEEE.STD_LOGIC_1164.ALL;
ENTITY decoder IS
 PORT(c,b,a:IN STD_LOGIC;
              y:OUT STD_LOGIC_VECTOR(7 downto 0));
END decoder;
ARCHITECTURE one OF decoder IS
BEGIN
    y(0)<= '0' WHEN (c= '0') and (b= '0') and (a = '0') else '1';
    y(1)<= '0' WHEN (c= '0') and (b= '0') and (a = '1') else '1';
    y(2) <= '0' WHEN (c= '0') and (b= '1') and (a = '0') else '1';
    y(3)<= '0' WHEN (c= '0') and (b= '1') and (a = '1') else '1';
```

y(4) <= '0' WHEN (c= '1') and (b= '0') and (a = '0') else '1';

y(5) <= '0' WHEN (c= '1') and (b= '0') and (a = '1') else '1';

y6) <= '0' WHEN (c= '1') and (b= '1') and (a = '0') else '1';

y(7) <= '0' WHEN (c= '1') and (b= '1') and (a = '1') else '1';

    END one;

图 5-7 为 3-8 译码器的仿真结果。其中 C、B、A 为地址输入端，Y 为 8 位译码输出端。通过仔细观察图形，可以看出仿真结果符合表 5-5 所示的逻辑功能。

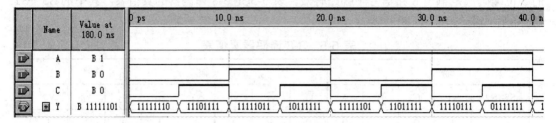

图 5-7　3-8 译码器仿真结果

一般逻辑单元电路设有使能信号，以控制逻辑电路的工作时刻或进行扩展。表 5-5 中的 S1、S2、S3 即为使能端，只有当 S1=1、S2 + S3 = 0 时，译码功能使能，地址码所指定的输出端有信号(为 0)输出，其他所有输出端均无信号(全为 1)输出。当使能信号取值不符合真值表要求时，译码功能被禁止，所有输出均为 1。

若要满足译码器的使能功能，只需在例 5-6 基础上稍作修改即可。带使能功能的 3-8 译码器的 VHDL 源程序如例 5-7 所示。

【例 5-7】　带使能功能的 3-8 译码器的 VHDL 源程序。

```
LIBRARY IEEE;
USE IEEE.STD_LOGIC_1164.ALL;
ENTITY decoder IS
 PORT(c,b,a:IN STD_LOGIC;
         s:IN STD_LOGIC_VECTOR(3 downto 1);
         y:OUT STD_LOGIC_VECTOR(7 downto 0));
END decoder;
ARCHITECTURE one OF decoder IS
SIGNAL din:STD_LOGIC_VECTOR(2 downto 0);
BEGIN
 din<=c&b&a;
    y(0)<= '0' WHEN din ="000" and s="001" ELSE '1';
    y(1)<= '0' WHEN din ="001" and s="001" ELSE '1';
    y(2)<= '0' WHEN din ="010" and s="001" ELSE '1';
    y(3)<= '0' WHEN din ="011" and s="001" ELSE '1';
    y(4)<= '0' WHEN din ="100" and s="001" ELSE '1';
    y(5)<= '0' WHEN din ="101" and s="001" ELSE '1';
    y(6)<= '0' WHEN din ="110" and s="001" ELSE '1';
```

y(7)<= '0' WHEN din ="111" and s="001" ELSE '1';

　　END one;

　　例 5-7 的实体设置了一个 3 位的数组输入作为使能信号，并在结构体中直接对 S 信号进行检查，只有当 S 信号为 "001" 时，才进行 3-8 译码的工作，其他情况下输出端 Y 均为高电平。

　　例 5-7 与例 5-6 对输入三位编码 C、B、A 的处理稍有不同。例 5-6 对 C、B、A 分别进行判断，而例 5-7 用并置符号&将 C、B、A 三位合并成一个整体并赋值给内部信号 DIN，然后对 DIN 进行判断。使用并置符号使程序显得更简洁，书写也更方便。

　　图 5-8 是带使能信号的 3-8 译码器的仿真结果，图中可以看出，当使能信号 S 不为 "001" 时，输出始终为全 1。

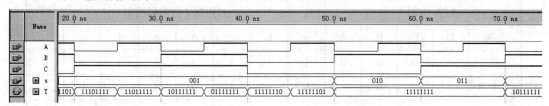

图 5-8　带使能信号的 3-8 译码器仿真结果

　　将例 5-7 程序下载入本书配套的 CPLD 电路板进行硬件验证，按照以下步骤进行：

　　(1) 确定管脚对应关系。输入信号 A、B、C 与按键 K0～K2 一一对应；S1～S3 与按键 K3～K5 一一对应；输出信号 Y0～Y7 与发光二极管 D0～D7 一一对应。

　　(2) 由 Quartus Ⅱ进行管脚分配。K0～K5 在 MAX Ⅱ芯片上对应的管脚号依次为 26～30，33；D0～D7 在 MAX Ⅱ芯片上对应的管脚号依次为 88～81。

　　(3) 电平定义。以 D0～D7 的亮代表输出信号对应位的电平为 "1"，D0～D7 的灭代表输出信号对应位的电平为 "0"；按键 K0～K5 按下时相当于输入信号为低电平。

　　(4) 输入验证。当 S1～S3 为 "001" 时，以按下 K0 为例，表示输入信号 A= "0"，此时输出应显示为 "11111101"，程序中对应的其他情况同此。

　　硬件验证结果表明例 5-7 所示程序能够实现带使能信号的 3-8 译码器的逻辑功能。

5.4.2　数码显示译码器

　　很多数字系统需要将数字量或符号直观地显示出来，以方便观察系统的运行状态或运行结果。目前大量的数字系统利用数码管来进行实时显示。

　　数码管包括荧光数码管、半导体发光数码管、液晶数码管等，其中荧光数码管为共阴极结构，液晶数码管无极性，而半导体数码管分共阳极和共阴极两类。

　　半导体数码管内部为多个半导体发光二极管，图 5-9 给出了共阴极半导体数码管外观及内部结构图。共阴极半导体数码管使用时，所有的阴极连到地，则某个二极管阳极接高电平时，相应的二极管发光。各个发光二极管相互独立，可以同时发光，按照一定的规律可以组合为各种不同的符号，如 1～9，A～F 等。例如，为了显示数字 2，按图 5-9 所示的排列方式，需要 a、b、g、e、d 这 5 个发光二极管发光，而其他发光二极管灭，则 a～h 这 8 个发光二极管的阳极分别需接 "11011010"。表 5-6 是共阴极 8 段数码管的真值表，注意其中的 h 为小数点，表中假设不需要小数点点亮，因而 h 始终输出为低电平。

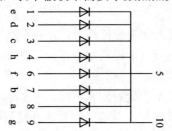
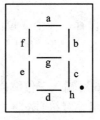

图 5-9　共阴极半导体数码管外观及内部结构图

表 5-6　共阴极 8 段数码管真值表

输入 BCD 码					共阴极 8 段数码输出							
数据	D	C	B	A	a	b	c	d	e	f	g	h
0	0	0	0	0	1	1	1	1	1	1	0	0
1	0	0	0	1	0	1	1	0	0	0	0	0
2	0	0	1	0	1	1	0	1	1	0	1	0
3	0	0	1	1	1	1	1	1	0	0	1	0
4	0	1	0	0	0	1	1	0	0	1	1	0
5	0	1	0	1	1	0	1	1	0	1	1	0
6	0	1	1	0	1	0	1	1	1	1	1	0
7	0	1	1	1	1	1	1	0	0	0	0	0
8	1	0	0	0	1	1	1	1	1	1	1	0
9	1	0	0	1	1	1	1	1	0	1	1	0
A	1	0	1	0	1	1	1	0	1	1	1	0
B	1	0	1	1	1	1	1	1	1	1	1	0
C	1	1	0	0	1	0	0	1	1	1	0	0
D	1	1	0	1	1	1	1	1	1	0	1	0
E	1	1	1	0	1	0	0	1	1	1	1	0
F	1	1	1	1	1	0	0	0	1	1	1	0

例 5-8 给出了描述共阴极半导体数码管显示译码的 VHDL 程序，程序中输入端口为 bcdin，输出端口为 a～h。读者应注意输入端口赋值的表示方法，即用十六进制形式表示输入取值，如 "X1"，效果与输入 "0001" 一样，而前者明显可读性更好。

【例 5-8】　共阴极半导体数码管显示译码的 VHDL 程序。

```
LIBRARY IEEE;

USE IEEE.STD_LOGIC_1164.ALL;

ENTITY seg8dec IS
```

```
      PORT(bcdin : IN STD_LOGIC_VECTOR(3 DOWNTO 0);
          a,b,c,d,e,f,g,h : OUT STD_LOGIC);
END seg8dec;
ARCHITECTURE one OF seg8dec IS
SIGNAL seg : STD_LOGIC_VECTOR(7 DOWNTO 0);
BEGIN
    WITH bcdin SELECT
    seg   <= "11111100" WHEN X"0",
             "01100000" WHEN X"1",
             "11011010" WHEN X"2",
             "11110010" WHEN X"3",
             "01100110" WHEN X"4",
             "10110110" WHEN X"5",
             "10111110" WHEN X"6",
             "11100000" WHEN X"7",
             "11111100" WHEN X"8",
             "11110110" WHEN X"9",
             "11101110" WHEN X"a",
             "11111110" WHEN X"b",
             "10011100" WHEN X"c",
             "11111100" WHEN X"d",
             "10011110" WHEN X"e",
             "10001110" WHEN X"f",
             "00000000" WHEN OTHERS;
        a<=seg(7); b<=seg(6);c<=seg(5); d<=seg(4);
        e<=seg(3); f<=seg(2); g<=seg(1); h<=seg(0);
    END one;
```

图 5-10 是例 5-8 的仿真结果，以其中一种取值为例进行观察，如当输入 BCD 码为"0111"时，要求数码管显示"7"，则相应的 a～h 输出电平为"11100000"。

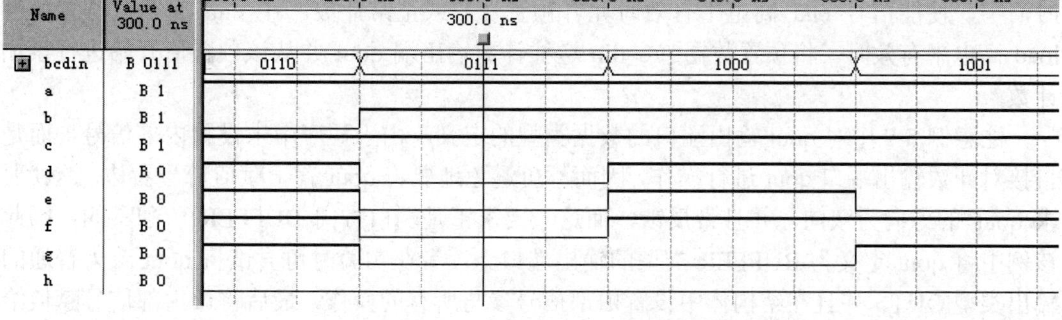

图 5-10　共阴极 8 段数码管译码器仿真结果

将例 5-8 程序下载入本书配套的 CPLD 电路板进行硬件验证，按照以下步骤进行：

(1) 确定管脚对应关系。输入信号 bcdin(0～3)与按键 K0～K3 一一对应；输出信号 a、b、c、d、e、f、g、h 与数码管的 8 个引脚 A～G、DP 一一对应。

(2) 由 Quartus Ⅱ进行管脚分配。K0～K3 在 MAX Ⅱ芯片上对应的管脚号依次为 26～29；数码管的 8 个引脚 A～G、DP 在 MAX Ⅱ芯片上对应的管脚号依次为 1～8。

(3) 观察数码管显示的内容是否为输入指定的数字。

(4) 输入验证。以按下 K3 而其他键不按下为例，表示输入信号 bcdin= "0111"，此时数码管应显示为 "7"，程序中对应的其他情况同此。

硬件验证结果表明例 5-8 所示程序能够实现数码管显示译码器的逻辑功能。

5.5 计数器的设计

数字系统经常需要对脉冲的个数进行计数，以实现数字测量、状态控制和数据运算等，计数器就是完成这一功能的逻辑器件，它是数字系统最常用的基本部件，是典型的时序电路。计数器的应用十分广泛，常用于数/模转换、计时、频率测量等。

计数器按照工作原理和使用情况可分为很多种类，如最基本的计数器、带清零端(包括同步清零和异步清零)计数器、能并行预加载初始计数值的计数器、各种进制的计数器(如十二进制、六十进制)等。

5.5.1 带使能、清零、预置功能的计数器

计数器最基本的功能是计数，一般是从零开始计数。但有时计数器不需要从零开始累加计数，而需要从某个数开始往前或往后计数，这时就需要有控制信号使计数器从期望的初始值开始计数。此外，有时需要对计数过程中的计数器进行清零操作，因此需要设置清零端。大多数情况下，计数器需要指定一个开始计数的时刻，这个工作一般由计数器的使能信号控制。

例 5-9 给出了描述带使能、清零、预置功能计数器的 VHDL 程序。该程序提供了 6 个端口信号，分别是时钟输入端 clk、计数输出端 qout、同步清零端 clr、同步使能端 ena、预置控制端 load 以及相应的预置数据输入端 pre_din。其中，清零信号 clr 低电平有效时清零，使能信号 ena 高电平有效时允许预置计数或正常计数。在 ena 有效且预置信号 load 高电平有效时，将预置数据 pre_din 送往计数输出端 qout 并从该预置值开始进行累加计数。

注意例 5-9 中对 qout 输出端口的数据类型的定义，由于程序中未设置内部信号，而是直接对计数输出端口 qout 进行操作，因而不可避免地要将 qout 置于赋值符号右边，这就要求 qout 的方向为双向，并且带反馈，而这一要求正是端口方向 BUFFER 所独具的，因此该例中将 qout 定义为 BUFFER 类型的输出端口。读者在实验时可尝试将 qout 改为普通的输出类型 OUT，并且在结构体中设置内部信号参与所有的操作，最后将该内部信号赋值给 qout 也能实现同样的效果。

【**例 5-9**】　带使能、清零、预置功能的计数器的 VHDL 程序。

```vhdl
LIBRARY IEEE;
USE IEEE.STD_LOGIC_1164.ALL;
USE IEEE.STD_LOGIC_UNSIGNED.ALL;
ENTITY cnt_e_c_p IS
PORT(f10MHz:IN STD_LOGIC;
    clr,ena,load:IN STD_LOGIC;
        pre_din:IN STD_LOGIC_VECTOR(7 DOWNTO 0);
            qout:BUFFER STD_LOGIC_VECTOR(7 DOWNTO 0));
END cnt_e_c_p;
ARCHITECTURE a OF cnt_e_c_p IS
SIGNAL cnt:INTEGER RANGE 0 TO 10000000;
SIGNAL clk:STD_LOGIC;
BEGIN
    PROCESS(f10MHz)
    BEGIN
    IF f10MHz'EVENT AND f10MHz='1' THEN
        IF cnt=4999999 THEN cnt<=0;clk<=NOT clk;
            ELSE cnt<=cnt+1;
            END IF;
        END IF;
    END PROCESS;
PROCESS(clk)
 BEGIN
IF clk'event AND clk='1' THEN
 IF clr='0' THEN
        qout<="00000000";
ELSIF ena='1' THEN
    IF load='1' THEN qout<=pre_din;
    ELSE qout<=qout+1;
    END IF;
 END IF;
END IF;
 END PROCESS;
 END a ;
```

计数器仿真结果如图 5-11 所示。

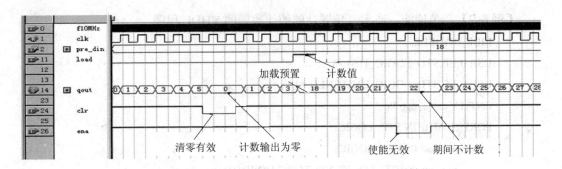

图 5-11 计数器仿真结果

将例 5-9 程序下载入本书配套的 CPLD 电路板进行硬件验证，按照以下步骤进行(注意电路板上的时钟是 10 MHz，在本例中由信号 f10 MHz 引入，经分频后产生 1 Hz 的信号 clk。关于分频的原理请参阅本书第 6 章)：

(1) 确定管脚对应关系。时钟输入信号 f10 MHz 与 MAX Ⅱ的全局时钟引脚 GCLK0 对应；复位信号 clr 与按键 S1 对应；使能信号 ena 与按键 K8 对应；预加载信号 load 与按键 K9 对应；pre_din(0~7)与按键 K0~K7 一一对应；输出信号 qout 与发光二极管 D0~D7 一一对应。

(2) 由 Quartus Ⅱ进行管脚分配。f10 MHz 在 MAX Ⅱ芯片上对应的管脚号为 12；S1 在 MAX Ⅱ芯片上对应的管脚号为 21；K0~K9 在 MAX Ⅱ芯片上对应的管脚号依次为 26~30，33~37；D0~D7 在 MAX Ⅱ芯片上对应的管脚号依次为 88~81。

(3) 电平定义。以 D0~D7 的亮代表输出信号对应位的电平为"1"，D0~D7 的灭代表输出信号对应位的电平为"0"；按键 K0~K9 按下时相当于输入信号为低电平。

(4) 输入验证。当按键 S1、K8 都未被按下时，程序开始计数。由于计数过程是在分频后产生的 1 Hz 时钟的控制下进行的，因此每过一秒就能发现 D0~D7 的亮灭按二进制递增的规律变化。当 S1 按下时，D0~D7 全灭；当 K8 按下时，D0~D7 的亮灭状态不发生变化；当 K9 按下时，D0~D7 的亮灭状态由 K0~K7 的状态决定，并且从新的亮灭状态开始继续按二进制递增的规律变化。

硬件验证结果表明例 5-9 所示程序能够实现带使能、清零、预置功能计数器的逻辑功能。本例也可以与数码管的控制程序联合起来构成一个程序，使得计数结果在数码管上显示，读者可以尝试进行。

5.5.2 可逆计数器

例 5-9 所示的计数趋势是递增，当然也可以通过将"Q<=Q+1"改为"Q<=Q−1"，使其变为递减计数器。可逆计数器是既能进行递增计数，又能进行递减计数的计数器，通常可分为单时钟结构和双时钟结构。所谓单时钟结构可逆计数器，是指电路只有一个输入时钟信号，而递增或递减的选择由方向控制端控制。而双时钟可逆计数器需要两个输入时钟，分别实现递增计数与递减计数。可逆计数器在工业控制场合应用广泛。

例 5-10 在例 5-9 的基础上，增加了方向控制端口用以控制计数的增减趋势，实现了一个单时钟结构的可逆计数器。

【例5-10】　单时钟结构的可逆计数器的 VHDL 程序。

```
LIBRARY IEEE;
USE IEEE.STD_LOGIC_1164.ALL;
USE IEEE.STD_LOGIC_UNSIGNED.ALL;
ENTITY countupdown IS
    PORT(f10MHz:IN STD_LOGIC;
        clr,en,load:IN STD_LOGIC;
            din:IN STD_LOGIC_VECTOR(7 DOWNTO 0);
                updown:IN STD_LOGIC;
                    q:BUFFER STD_LOGIC_VECTOR(7 DOWNTO 0));
END countupdown;
ARCHITECTURE a OF countupdown IS
    SIGNAL cnt:INTEGER RANGE 0 TO 10000000;
        SIGNAL clk:STD_LOGIC;
BEGIN
    PROCESS(f10MHz)
        BEGIN
            IF f10MHz'EVENT AND f10MHz='1' THEN
                IF cnt=4999999 THEN cnt<=0;clk<=NOT clk;
ELSE cnt<=cnt+1;
END IF;
        END IF;
        END PROCESS;


    PROCESS(clk)
    BEGIN
        IF clk'event AND clk='1' THEN
        IF clr='0' THEN
                q<="00000000";
            ELSIF EN='1' THEN
                IF load='1' THEN q<=din;
                ELSIF updown='1' THEN q<=q+1;
                ELSE q<=q-1;
                END IF;
        END IF;
        END IF;
    END PROCESS;
END a;
```

　　图 5-12 是可逆计数器的仿真结果，从图中可以看出，方向控制端为 updown，当 updown 为高电平时，进行递增计数，load 为高电平时，装入预置的值 80；当 updown 为低电平时进行递减计数。图中也将使能、清零、预置计数值等功能一并进行了仿真验证。

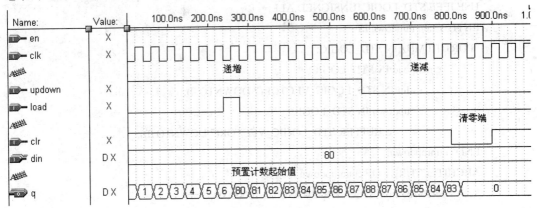

图 5-12　可逆计数器的仿真结果

　　将例 5-10 程序下载入本书配套的 CPLD 电路板进行硬件验证，按照以下步骤进行。注意电路板上的时钟是 10 MHz，在本例中由信号 f10 MHz 引入，经分频后产生 1 Hz 的信号 clk。关于分频的原理请参阅本书第 6 章。

　　(1) 确定管脚对应关系。输入信号 clr 与按键 S1 对应；ena 与按键 K8 对应；load 与按键 K9 对应；updown 与按键 K10 对应；din7～din0 与按键 K0～K7 对应；输出信号 q 与发光二极管 D0～D7 对应。

　　(2) 由 Quartus Ⅱ进行管脚分配。f10 MHz 在 MAX Ⅱ芯片上对应的管脚号为 12；S1 在 MAX Ⅱ芯片上对应的管脚号为 50；K0～K9 在 MAX Ⅱ芯片上对应的管脚号依次为 26～30，33～37；D0～D7 在 MAX Ⅱ芯片上对应的管脚号依次为 88～81。

　　(3) 电平定义。以 D0～D7 的亮代表输出信号对应位的电平为 "1"，以 D0～D7 的灭代表输出信号对应位的电平为 "0"；按键 K0～K7 按下时相当于输入信号为低电平。

　　(4) 输入验证。按键 S1 未按下，表示未复位；K8 未按下，表示 ena= "1"，使能计数器；K9 按下，表示未加载计数初值；按键 K10 按下，表示 updown= "0"，此时程序开始进行递减计数，因而 D0～D7 的亮灭情况按二进制递减的规律变化。读者可以自行改变不同的输入信号取值观察实验结果。

　　硬件验证结果表明例 5-10 所示程序能够实现可逆计数器的逻辑功能。

5.5.3　进制计数器

　　前面几个例子的计数范围都是受计数器输出位数限制的，当位数改变时，计数器的计数范围也会发生改变。如对于 8 位递增计数器，其最高能计数到 "11111111"，即每计 255 个脉冲后就回到 "00000000"；而对于 16 位计数器，其最高计数值 "FFFFFH"，每计 65 535 个时钟脉冲后就回到 "0000H"。

　　如果需要计数到某特定值时就回到初始计数状态，则需要设计某进制的计数器。

　　例 5-11 设计了一个 128 进制的计数器，该程序是在例 5-10 提供了同步清零、使能、同步预置数功能的基础上,适当修改形成的带进制计数器。例 5-11 的实体部分与例 5-10 相同,不同之处在于结构体中对功能的描述,由本程序也能体会到 VHDL 实现功能升级的便利性。

【例 5-11】 128 进制计数器。

```
LIBRARY IEEE;
USE IEEE.STD_LOGIC_1164.ALL;
USE IEEE.STD_LOGIC_UNSIGNED.ALL;
ENTITY count128 IS
  PORT(f10MHz   :IN STD_LOGIC;
       clr,en,load:IN STD_LOGIC;
          din   :IN STD_LOGIC_VECTOR(7 DOWNTO 0);
            q   :BUFFER STD_LOGIC_VECTOR(7 DOWNTO 0));
END count128;
ARCHITECTURE a OF count128 IS
SIGNAL cnt:INTEGER RANGE 0 TO 10000000;
   SIGNAL clk:STD_LOGIC;
  BEGIN
PROCESS(f10MHz)
   BEGIN
     IF f10MHz'EVENT AND f10MHz='1' THEN
        IF cnt=4999999 THEN cnt<=0;clk<=NOT clk;
          ELSE cnt<=cnt+1;
          END IF;
     END IF;
   END PROCESS;
     PROCESS(clk)
     BEGIN
       IF clk'event AND clk='1' THEN
        IF clr='0' THEN
            q<="00000000";
          ELSIF q="01111111" THEN                  --确定进制
            q<="00000000";
          ELSIF EN='1' THEN
            IF load='1' THEN q<=din;
            ELSE q<=q+1;
            END IF;
        END IF;
       END IF;
     END PROCESS;
   END a;
```

程序中的关键语句是

　　　ELSIF q="01111111" THEN　　q<="00000000";

该语句表示一旦计数值达到 128 进制允许的最大值 127 时就恢复为 0 重新开始计数。

根据 q 值的不同，可以实现不同的进制。本例中由于计数输出信号 q 的位数为 8 位，因而本例可实现 256 进制范围内的计数。

图 5-13 是例 5-11 所示的 128 进制递增计数器的仿真结果。从图中观察到，设定预置值为 123，当 load 为高电平加载有效时，计数器的输出为预置值 123。

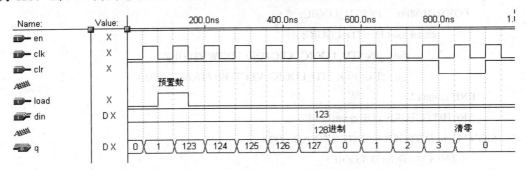

图 5-13　128 进制递增计数器仿真结果

当清零信号 clr 有效电平(低电平)到达时，并没有立刻清零，而是等清零有效电平到达后的下一时钟有效边沿到达时才使计数输出清零，这体现了同步清零的效果。

当计数到达 127 时，计数值恢复为 0，表明计数过程按 128 进制的规律进行。

将例 5-11 程序下载入本书配套的 CPLD 电路板进行硬件验证，按照以下步骤进行。

注意电路板上的时钟是 10 MHz，在本例中由信号 f10 MHz 引入，经分频后产生 1 Hz 的信号 clk，关于分频的原理请参阅本书第 6 章。

(1) 确定管脚对应关系。输入信号 clr 与按键 S1 对应；en 与按键 K8 对应；load 与按键 K9 对应；din7~din0 与按键 K0~K7 对应；输出信号 q 与发光二极管 D0~D7 对应。

(2) 由 Quartus II 进行管脚分配。f10 MHz 在 MAX II 芯片上对应的管脚号为 12；S1 在 MAX II 芯片上对应的管脚号为 50；K0~K7 在 MAX II 芯片上对应的管脚号依次为 26~30，33~35；D0~D7 在 MAX II 芯片上对应的管脚号依次为 88~81。

(3) 电平定义。以 D0~D7 的亮代表输出信号对应位的电平为 "1"，D0~D7 的灭代表输出信号对应位的电平为 "0"；按键 K0~K7 按下时相当于输入信号为低电平。

(4) 输入验证。当按键 S1、K8、K9 都未按下时，程序开始进行计数，并只能计到一个指定的数值。

硬件验证结果表明例 5-11 所示程序能够实现 128 进制计数器的逻辑功能。

5.6　移位寄存器的设计

数字系统中，经常要用到可以存放二进制数据的部件，这种部件称为数据寄存器。从硬件上看，寄存器就是一组可储存二进制数的触发器，每个触发器都可储存一位二进制位，比如 12 位寄存器用 12 个 D 触发器组合即可实现。

当时钟有效边沿到达时，一组触发器的输入端同时移入各触发器的输出端，时钟撤销后各触发器的输出不变，除非下一有效边沿到来时输入端数据有变化。这种寄存器称为基本数据寄存器。

基本数据寄存器的 VHDL 描述方法很简单，只需在时钟有效边沿到达时将待寄存的数据赋值给输出端即可。如

　　　　WAIT UNTIL clk = '1';

　　　　　　q <= d;

有时为了处理数据的需要，寄存器中各位数据要从低位向高位(或相反方向)依次移动，这种具有移位功能的寄存器称为移位寄存器。移位寄存器的输入与输出均可以选择并行或串行进行，例如并行输入串行输出、串行输入串行输出等。

5.6.1　串入串出移位寄存器

本节首先介绍基本的串行输入串行输出(串入串出)移位寄存器，然后在此基础上增加同步预置功能，形成一个实用的移位寄存器。

串入串出移位寄存器原理图如图 5-14 所示，8 位移位寄存器由 8 个 D 触发器串联构成，在时钟信号的作用下，数据从低位向高位移动。

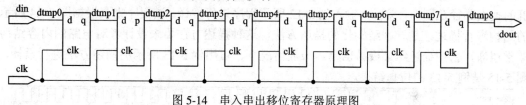

图 5-14　串入串出移位寄存器原理图

设计这种串入串出移位寄存器，其实体应提供串行数据输入端 din、时钟输入端 clk 和串行数据输出端 dout。例 5-12 给出了描述这种移位寄存器的 VHDL 程序。

【例 5-12】　串入串出移位寄存器程序一。

```
LIBRARY IEEE;
USE IEEE.STD_LOGIC_1164.ALL;
ENTITY shifter1 IS
    PORT(din,f10MHz:IN STD_LOGIC;
         dout :OUT STD_LOGIC);
END shifter1;
ARCHITECTURE one   OF shifter1 IS
    COMPONENT DFF                          --D 触发器作为元件引入
        PORT(d, clk: IN STD_LOGIC;
                 q: OUT STD_LOGIC);
    END COMPONENT;
SIGNAL dtmp:STD_LOGIC_VECTOR(8 downto 0);
        SIGNAL cnt:INTEGER RANGE 0 TO 10000000;
            SIGNAL clk:STD_LOGIC;
```

```
    BEGIN
        PROCESS(f10MHz)
        BEGIN
            IF f10MHz'EVENT AND f10MHz='1' THEN
                IF cnt=4999999 THEN cnt<=0;clk<=NOT clk;
                ELSE cnt<=cnt+1;
                END IF;
            END IF;
        END PROCESS;

    dtmp(0)<=din;
        g:FOR i IN    0 TO 7 GENERATE
            UX:dff PORT MAP(d=>dtmp(i),clk=>clk ,q=>dtmp(i+1) );
        END GENERATE;
    dout<=dtmp(8);
    END one;
```

例 5-12 要被正确执行，首先应设计一个 D 触发器，并事先编译通过后，存放在 Quartus Ⅱ的搜索路径范围内，然后再输入例 5-12 所示程序进行编译。该程序完全根据图 5-14 所示的结构进行描述，是一种结构化的描述方法，这种描述方法要求设计者对电路的内容结构非常清晰，否则描述结果极易出错。一般情况下，可用例 5-13 所示的描述方法进行设计，图 5-15 是例 5-13 的仿真结果。

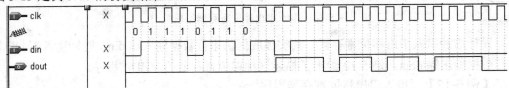

图 5-15　串入串出移位寄存器仿真结果

【例 5-13】　　串入串出移位寄存器程序二。

```
    LIBRARY IEEE;
    USE IEEE.STD_LOGIC_1164.ALL;
    ENTITY shift1 IS
        PORT(din,f10MHz:in STD_LOGIC;
            dout :out STD_LOGIC);
    END shift1;
    ARCHITECTURE a OF shift1 IS
    SIGNAL dtmp:STD_LOGIC_VECTOR(7 downto 0);
    SIGNAL cnt:INTEGER RANGE 0 TO 10000000;

    BEGIN
    PROCESS(f10MHz)
        BEGIN
```

```
          IF f10MHz'EVENT AND f10MHz='1' THEN
                IF cnt=4999999 THEN cnt<=0;clk<=NOT clk;
                ELSE cnt<=cnt+1;
                END IF;
          END IF;
       END PROCESS;

       PROCESS(clk，din)
       BEGIN
          IF clk'event AND clk='1' THEN
             dtmp(0)<=din;
                dtmp(7 DOWNTO 1)<=dtmp(6 DOWNTO 0);
             dout<=dtmp(7);
          END IF;
       END PROCESS;
     END a;
```

图 5-15 中，串行输入数据在时钟的控制下串行移入移位寄存器，注意输出波形比输入波形延迟了 8 个脉冲，这是由于移位寄存器有 8 级，因此在 8 位数据之前，输出端并无数据输出。只有在 8 个时钟脉冲后，才有最先移入的数据从 dout 移出，之后所看到的波形将与输入波形一致。

读者应体会例 5-13 的描述方法，该程序只是描述了移位寄存器的移位现象，而对移位寄存器的硬件组成结构并未直接指出，但经过 Quartus II 的综合后，仍然能自动在 FPGA 内部形成移位寄存器的结构。这种通过描述电路的功能或运行现象来设计电路的方法，正是 VHDL 语言相对于其他硬件描述语言的优势。

例 5-12 所使用的描述方法，在设计某单一功能电路的场合不推荐使用。但是，实际工程应用中，需要进行层次化设计。层次化设计要求首先对设计对象进行详细功能分析，从整体上对所需电路进行功能划分，然后对不同的功能模块进行分别设计。此时，一般在较高层次的设计中采用例 5-12 所用的结构化的描述方法。

将例 5-13 程序下载入本书配套的 CPLD 电路板进行硬件验证，按照以下步骤进行。注意电路板上的时钟是 10 MHz，在本例中由信号 f10MHz 引入，经分频后产生 1Hz 的信号 clk，关于分频的原理请参阅本书第 6 章。

(1) 确定管脚对应关系。输入信号 din 与按键 S1 对应；输出信号 dout 与发光二极管 D0 对应。

(2) 由 Quartus II 进行管脚分配。f10 MHz 在 MAX II 芯片上对应的管脚号为 12；S1 在 MAX II 芯片上对应的管脚号为 50；D0 在 MAX II 芯片上对应的管脚号为 88。

(3) 电平定义。以 D0 的亮代表输出信号对应位的电平为 "1"，D0 的灭代表输出信号对应位的电平为 "0"；按键 S1 按下时相当于输入信号为低电平。

(4) 输入验证。通过按动 S1 表示有数字信号进入移位寄存器，可以观察 D0 的亮灭是否随着 S1 的电平变化而变化。

硬件验证表明例 5-13 所示程序能够实现串入串出移位寄存器的逻辑功能。

5.6.2　同步预置串行输出移位寄存器

同步预置移位寄存器综合了基本寄存器和串入串出移位寄存器的逻辑功能，即它可以将一组二进制数并行送入一组寄存器，然后把这些数据串行地从寄存器内输出，称之为"并入串出"移位寄存器。这种寄存器也可直接从串行输入端串行输出一组二进制数。

一个同步加载串行输出移位寄存器应具备的端口包括串行数据输入端 din、并行数据输入端 dload、时钟脉冲输入端 clk、并行加载控制端 load 和串行数据输出端 dout。其示意符号如图 5-16 所示。

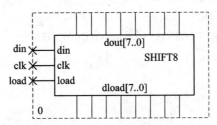

图 5-16　同步预加载串行输出移位寄存器的电路符号

同步预置串行输出移位寄存器功能表如表 5-7 所示。

表 5-7　同步预置串行输出移位寄存器功能表

串行输入端 din	并行数据输入端 dload	加载控制 load	时钟脉冲 clk	输出数据 dout[7..0]
×	dload[7..0]	1	↑	dload[7..0]
din	×	0	↑	dout[6..0],din

例 5-14 在例 5-13 的基础上，增加了同步预置控制端 load 及相应的预置数据输入端口 dload，当 load 为高电平有效时，将预置数送达寄存器的输出，并于下一个有效时钟边沿对该预置数进行移位，从 dout(7)引脚可以看到串行输出的效果。图 5-17 是该程序的仿真结果。

【例 5-14】　同步预置串行输出移位寄存器程序。

```
LIBRARY IEEE;
USE IEEE.STD_LOGIC_1164.ALL;
ENTITY shift3 IS
    PORT(din,f10MHz,load    :IN STD_LOGIC;
        dout         :OUT STD_LOGIC_VECTOR(7 DOWNTO 0);
        dload        :IN STD_LOGIC_VECTOR(7 DOWNTO 0));
END shift3;
ARCHITECTURE a OF shift3 IS
SIGNAL dtmp:STD_LOGIC_VECTOR(7 downto 0);
SIGNAL cnt:INTEGER RANGE 0 TO 10000000;
SIGNAL clk:STD_LOGIC;
```

```
      BEGIN
      PROCESS(f10MHz)
       BEGIN
          IF f10MHz'EVENT AND f10MHz='1' THEN
              IF cnt=4999999 THEN cnt<=0;clk<=NOT clk;
                    ELSE cnt<=cnt+1;
                 END IF;
          END IF;
          END PROCESS;

      PROCESS(clk)
      BEGIN
          IF clk'event AND clk='1' THEN
            IF load='1' THEN
                dtmp<=dload;
             ELSE
                dtmp(7 DOWNTO 0)<=dtmp(6 downto 0)&din;
             END IF;
           END IF;
           dout<=dtmp;
         END PROCESS;
      END a;
```

图 5-17 中，当预置信号 load 有效时，将 dload 端口的数据"10010110"送给 dout，此后 din 串行输入端的电平分别为"001…"，因而在随后的时钟周期内，一方面将刚预置的"10010110"逐位由 dout 高位 dout(7)串行移出，另一方面将 din 端口输入的"001…"等位串行移入移位寄存器。

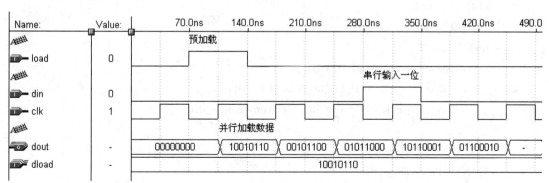

图 5-17　带预置功能的串行输出移位寄存器仿真结果

将例 5-14 程序下载入本书配套的 CPLD 电路板进行硬件验证，按照以下步骤进行。注意电路板上的时钟是 10 MHz，经分频后产生 1 Hz 的信号 clk。关于分频的方法请参阅本书第 6 章。

(1) 确定管脚对应关系。输入信号 clr 与按键 S1 对应；load 与按键 K9 对应；din 与按键 K8 对应；dload 与按键 K0～K7 一一对应；输出信号 dout 与发光二极管 D0～D7 一一对应。

(2) 由 Quartus Ⅱ 进行管脚分配。f10 MHz 在 MAX Ⅱ 芯片上对应的管脚号为 12；S1 在 MAX Ⅱ 芯片上对应的管脚号为 50；K0～K9 在 MAX Ⅱ 芯片上对应的管脚号依次为 26～30、33～37；D0～D7 在 MAX Ⅱ 芯片上对应的管脚号依次为 88～81。

(3) 电平定义。以 D0～D7 的亮代表输出信号对应位的电平为"1"，D0～D7 的灭代表输出信号对应位的电平为"0"；按键 K0～K9 按下时相当于输入信号为低电平。

(4) 输入验证。按键 S1 不按下(clr="1")，K9 按下(load="0")，K0～K7 分别处于按下或未按的状态，则当 K9 不按下时(load="1")，K0～K7 表示的数据预置入移位寄存器，并且 D0～D7 的亮灭情况与 K0～K7 表示的电平一致，表明预置数功能实现。

(5) 预置验证。预置之后，再将 K9 按下(load="0")，并且按动 K8(din)，随机输入高低电平，此时观察 D0～D7 的亮灭，每 1 秒钟亮灭情况往左移一次，并且 D7 的亮灭始终与 K8(din)的电平相对应，表明串行输入与移位功能都已经实现。

读者可自行设计其他需要验证的内容。硬件验证结果表明例 5-14 所示程序能够实现同步预置串行输出移位寄存器的逻辑功能。

5.6.3　循环移位寄存器

循环移位寄存器是指移位过程中，移出的一位数据从构成循环移位寄存器的一端输出，同时又从另一端输入进该移位寄存器继续参与移位。

例 5-15 设计了一个循环移位寄存器，该循环移位寄存器具备的端口包括串行数据输入端 din、并行数据输入端 data、脉冲输入端 clk、并行加载数据端 load 以及移位输出端 dout。该程序的功能是将预置入该寄存器的数据进行循环移位，移位方向为由低位向高位移，而最高位移向最低位，其仿真结果见图 5-18。

【例 5-15】　循环移位寄存器程序。

```
LIBRARY IEEE;
USE IEEE.STD_LOGIC_1164.ALL;
ENTITY csr IS
    PORT(load,f10MHz:IN STD_LOGIC;
         data      :IN STD_LOGIC_VECTOR(4 downto 0);
         dout :BUFFER STD_LOGIC_VECTOR(4 downto 0));
END csr;
ARCHITECTURE one OF csr IS
SIGNAL dtmp:STD_LOGIC;
SIGNAL cnt:INTEGER RANGE 0 TO 10000000;
        SIGNAL clk:STD_LOGIC;

BEGIN
PROCESS(f10MHz)
```

```
        BEGIN
            IF f10MHz'EVENT AND f10MHz='1' THEN
                IF cnt=4999999 THEN cnt<=0;clk<=NOT clk;
                ELSE cnt<=cnt+1;
                END IF;
            END IF;
            END PROCESS;


        PROCESS(clk)
        BEGIN
            IF clk'event AND clk='1' THEN
                IF load='1' THEN dout<=data;              --预置初值
                ELSE
                dout(4 DOWNTO 1)<=dout(3 DOWNTO 0);
                        dout(0)<=dout(4);        --将最高位移向最低位
                END IF;
            END IF;
            END PROCESS;
        END one ;
```

　　从图 5-18 的仿真结果可以看到，首先预置信号 load 为高电平有效，将准备循环移位的数据预加载入移位寄存器。之后每到一个时钟上升沿，移位寄存器将数据从低位向高位移动一位，而最高位始终移向最低位。读者可以从"10000"到"00001"的变化看出循环的过程。

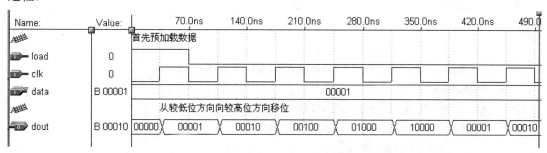

图 5-18　循环移位寄存器仿真结果

　　将例 5-15 程序下载入本书配套的 CPLD 电路板进行硬件验证，按照以下步骤进行。注意电路板上的时钟是 10 MHz，经分频后产生 1 Hz 的信号 clk，关于分频的方法请参阅本书第 6 章。

　　(1) 确定管脚对应关系。输入信号 load 与按键 S1 对应；data 与按键 K0～K4 一一对应；输出信号 dout 与发光二极管 D0～D4 一一对应。

　　(2) 由 Quartus Ⅱ 进行管脚分配。f10 MHz 在 MAX Ⅱ芯片上对应的管脚号为 12；S1 在 MAX Ⅱ芯片上对应的管脚号为 50；K0～K4 在 MAX Ⅱ芯片上对应的管脚号依次为 26～30；D0～D4 在 MAX Ⅱ芯片上对应的管脚号依次为 88～84。

(3) 电平定义。以 D0～D4 的亮代表输出信号对应位的电平为"1"，D0～D4 的灭代表输出信号对应位的电平为"0"；按键 K0～K4 按下时相当于输入信号为低电平。

(4) 输入验证。当按键 S1 没按下时，表示 load＝"1"，将 K0～K4 的电平作为数据预置入移位寄存器，此时 D0～D4 的亮灭状态与 K0～K4 的电平相对应。按下 S1 键，表示 load＝"0"，结束预置状态，并且在 1 Hz 时钟的控制下，与输出信号 dout 相连的 D0～D4 的亮灭状态每秒钟移动一位，D4 的亮灭状态传递给 D0。

硬件验证结果表明例 5-15 所示程序能够实现循环移位寄存器的逻辑功能。

5.6.4 双向移位寄存器

双向移位寄存器的主要逻辑功能体现在能从高位向低位移动，也能从低位向高位移动。为实现这一功能，必然要设置移动模式控制端。例 5-16 设计了一个双向移位寄存器，该程序有预置数据输入端 predata、脉冲输入端 clk、移位寄存器输出端 dout、工作模式控制端 m1 与 m0、左移(高位向低位)串行数据输入端 dsl、右移串行数据输入端 dsr 和寄存器复位端 reset。其中，m1、m0 两位用来决定移位寄存器的工作模式，如表 5-8 所示。

表 5-8　工作模式控制表

m1	m0	模　式
0	0	保　持
0	1	右　移
1	0	左　移
1	1	预加载

【例 5-16】　双向移位寄存器程序。

```
LIBRARY IEEE;
USE IEEE.STD_LOGIC_1164.ALL;
ENTITY shift6 IS
    PORT
    (predata          :IN STD_LOGIC_VECTOR(5 downto 0);
     dsl,dsr,reset,f10MHz    :IN STD_LOGIC;
     m1,m0            :IN STD_LOGIC;
     dout             :BUFFER    STD_LOGIC_VECTOR(5 downto 0));
END shift6;
ARCHITECTURE behave OF shift6 IS
SIGNAL cnt:INTEGER RANGE 0 TO 10000000;
        SIGNAL clk:STD_LOGIC;
BEGIN
PROCESS(f10MHz)
        BEGIN
         IF f10MHz'EVENT AND f10MHz='1' THEN
             IF cnt=4999999 THEN cnt<=0;clk<=NOT clk;
             ELSE cnt<=cnt+1;
             END IF;
         END IF;
        END PROCESS;
```

```
    PROCESS(clk,reset)
BEGIN
    IF(clk'EVENT AND clk='1')THEN
      IF (reset='1') THEN
            dout<=(OTHERS=>'0');
      ELSE
        IF m1='0' THEN
          IF m0='0' THEN
            NULL;                        --模式 00
          ELSE
            dout<=dsr&dout(5 downto 1);--模式 01
          END IF;
        ELSIF m0='0' THEN                --模式 10
            dout<=dout(4 downto 0)&dsl;
        ELSE
            dout<=predata;               --模式 11
        END IF;
      END IF;
    END IF;
    END PROCESS;
  END behave;
```

图 5-19 是双向移位寄存器的仿真波形，观察波形，可以看出，当工作模式为预加载模式"11"时，随着时钟上升沿的到达，并行输入的数据被加载到移位寄存器；工作模式随后变为右移模式"01"，下一个时钟上升沿时，并行输入的数据开始向右(从高位向低位)移位；右移过程中，若有右移串行数据从 dsr 输入，则该数据也随着时钟右移；工作模式随后又变为左移(从低位向高位移位)模式"10"，时钟有效边沿到达后，数据开始左移。

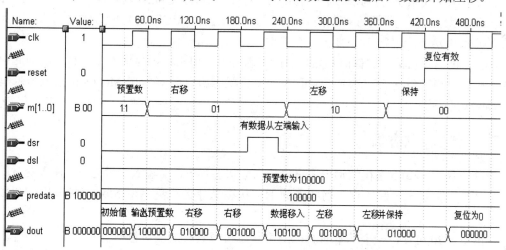

图 5-19　双向移位寄存器仿真结果

不管是左移还是右移，移位过程中，只要有异步复位信号 reset 的有效电平，移位寄存器的输出立刻变为清零。

将例 5-16 程序通过在系统编程下载入本书配套的 CPLD 电路板进行硬件验证，按照以下步骤进行。注意电路板上的时钟是 10 MHz，经分频后产生 1 Hz 的信号 clk，关于分频的方法请参阅本书第 6 章。

(1) 确定管脚对应关系。输入信号 reset 与按键 S1 对应；m1 与按键 K0 对应；m0 与按键 K1 对应；dsl 与按键 K2 对应；dsr 与按键 K3 对应；predate 与按键 K4～K9 一一对应；输出信号 dout 与发光二极管 D0～D5 一一对应。

(2) 由 Quartus Ⅱ 进行管脚分配。f10 MHz 在 MAX Ⅱ 芯片上对应的管脚号为 12；S1 在 MAX Ⅱ 芯片上对应的管脚号为 50；K0～K9 在 MAX Ⅱ 芯片上对应的管脚号依次为 26～30、33～37；D0～D5 在 MAX Ⅱ 芯片上对应的管脚号依次为 88～83。

(3) 电平定义。以 D0～D5 的亮代表输出信号对应位的电平为"1"，D0～D5 的灭代表输出信号对应位的电平为"0"；按键 S1、K0～K9 按下时相当于输入信号为低电平。

(4) 输入验证。按键 S1 按下(reset="0")，K0 按下而 K1 未按下时，表示进入右移状态，此时可以观察到 D0～D5 的亮灭状态按右移的规律变化。同理可验证其他工作状态。

硬件验证结果表明例 5-16 所示程序能够实现双向移位寄存器的逻辑功能。

5.7　有限状态机的设计

有限状态机(FSM)相当于一个控制器，它将一项功能分解为若干步骤，每一步对应于二进制的一个状态，通过预先设计的顺序在各状态之间进行转换，状态转换的过程就是实现逻辑功能的过程。

实际应用中，很多数字系统的核心部分都由状态机来承担。由于状态机将一些复杂功能分解为多个步骤，步骤之间的转换速度由系统的时钟频率来决定，而以 FPGA 为核心器件的数字系统其系统时钟频率通常有几十到上百兆赫兹，因此由时钟频率决定运行速度的状态机可以达到高速计算或控制的效果，这一点是其他 MCU 芯片所无法比拟的。因此，状态机是 EDA 设计中比较重要的一个方面。

状态机的输出信号逻辑值必然与当前状态有关，但不一定与输入变量有关，因此根据状态机的输出变量是否与输入变量有关，可将状态机分为莫尔型(Moore)状态机与米里型(Mealy)状态机两种。

5.7.1　莫尔型状态机

莫尔型(Moore)状态机的输出逻辑仅与当前状态有关，与输入变量无关，输入变量的作用只是与当前状态一起决定当前状态的下一状态是什么。莫尔型(Moore)状态机框图如图 5-20 所示。

由图 5-20 可知，一个基本的 Moore 型状态机应具有的端口包括输入变量、时钟输入、输出变量，当然为了使用方便还需加一复位信号。例 5-17 根据该图设计了一个只有两个状态的状态机，图 5-21 是该例的状态图。

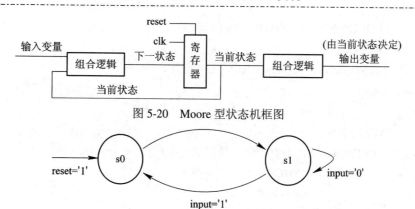

图 5-20　Moore 型状态机框图

图 5-21　例 5-17 的状态图

【例 5-17】　只有两个状态的莫尔型状态机程序。

```
ENTITY statmach IS
    PORT(
            f10MHz    : IN  BIT;
            input     : IN  BIT;
            reset     : IN  BIT;
            output    : OUT  BIT);
END statmach;
ARCHITECTURE a OF statmach IS
TYPE   STATE_TYPE IS (s0, s1);          --自定义了两状态(s0, s1)的数据类型
SIGNAL   state : STATE_TYPE ;           --信号 state 定义为 STATE_TYPE 类型
SIGNAL cnt:INTEGER RANGE 0 TO 10000000;
        SIGNAL clk:STD_LOGIC;

BEGIN
PROCESS(f10MHz)
    BEGIN
        IF f10MHz'EVENT AND f10MHz='1' THEN
            IF cnt=4999999 THEN cnt<=0;clk<=NOT clk;
            ELSE cnt<=cnt+1;
            END IF;
        END IF;
    END PROCESS;

PROCESS (clk)
BEGIN
IF reset = '1' THEN
    state <= s0;                        --当复位信号有效时状态回到 s0
```

```
        ELSIF (clk'EVENT AND clk = '1') THEN
        CASE state IS
        --当前状态为 s0，则时钟上升沿来后转变为下一状态
    WHEN s0=>
                        state <= s1;
        WHEN s1=>
    --根据输入信号 input 的取值情况决定下一状态是保持为 s1 还是回到 s0
            IF input = '1' THEN
                        state <= s0;
            ELSE
        state <= s1;
        END IF;
    END CASE;
    END IF;
    END PROCESS;
    output <= '1' WHEN state = s1 ELSE '0';        --根据当前状态决定输出值
END a;
```

图 5-22 是例 5-17 设计的二态状态机的仿真结果图，从图中可以看出，输入变量 input=
"0" 期间，若当前状态为 s0，则时钟上升沿到达后当前状态转为下一状态 s1。若当前状
态为 s1，则 input= "0" 期间始终保持不变。

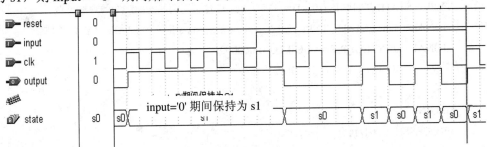

图 5-22　二态 Moore 状态机的仿真结果

输入变量 input= "1" 期间，状态机的状态在 s0、s1 之间轮回。

状态复位信号 reset= "1" 有效期间，状态维持为 s0 态。

当状态处于 s0 态时，输出变量 output= "0"；当状态处于 s1 态时，输出变量 output= "1"。

将例 5-17 程序下载入本书配套的 CPLD 电路板进行硬件验证，按照以下步骤进行。注
意电路板上的时钟是 10 MHz，经分频后产生 1 Hz 的信号 clk，关于分频的方法请参阅本书
第 6 章。

(1) 确定管脚对应关系。输入信号 reset 与按键 S1 对应；input 与按键 K0 对应；输出信
号 output 与发光二极管 D0 对应。

(2) 由 Quartus II 进行管脚分配。f10 MHz 在 MAX II 芯片上对应的管脚号为 12；s1 在
MAX II 芯片上对应的管脚号为 50；K0 在 MAX II 芯片上对应的管脚号为 26；D0 在 MAX II

芯片上对应的管脚号为 88;

(3) 电平定义。以 D1 的亮代表输出信号对应位的电平为 "1"、D0 的灭代表输出信号对应位的电平为 "0";按键 S1、K0 按下时相当于输入信号为低电平。

(4) 输入验证。键 S1 按下,使复位信号无效,此时,若 K0 键未按下,表示 input= "1",此时状态在 S1 与 S0 之间切换,可观察到 D0 每秒钟亮灭变化一次。若 K0 按下,则 D0 将保持为亮状态。

硬件验证结果表明例 5-17 所示程序能够实现莫尔型(Moore)状态机的逻辑功能。

5.7.2 米里型状态机

米里型(Mealy)状态机的输出逻辑不仅与当前状态有关,还与当前的输入变量有关。输入变量的作用不仅是与当前状态一起决定当前状态的下一状态是什么,还决定当前状态的输出变量的逻辑值。米里型(Mealy)状态机框图如图 5-23 所示。

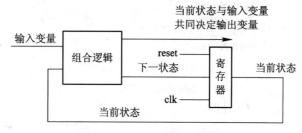

图 5-23　Mealy 型状态机框图

Mealy 型状态机所需端口与 Moore 型相同。例 5-18 设计了一个四状态的状态机(状态之间的转换过程参见图 5-25)。

【例 5-18】　四状态米里型状态机程序。

```
ENTITY state4 IS
    PORT(
        f10MHz    : IN   BIT;
        input1    : IN   BIT;
        reset     : IN   BIT;
        output1: OUT INTEGER RANGE 0 TO 4);
END state4;
ARCHITECTURE a OF state4 IS
        TYPE STATE_TYPE IS (s0,s1,s2,s3);
        SIGNAL state    : STATE_TYPE;
    SIGNAL cnt:INTEGER RANGE 0 TO 10000000;
    SIGNAL clk:STD_LOGIC;
BEGIN
    PROCESS(f10MHz)
    BEGIN
        IF f10MHz'EVENT AND f10MHz='1' THEN
```

```
                IF cnt=4999999 THEN cnt<=0;clk<=NOT clk;
                ELSE cnt<=cnt+1;
                END IF;
                END IF;
        END PROCESS;


    PROCESS (clk,reset)
    BEGIN
            IF reset = '1' THEN
                state <= s0;
            ELSIF (clk'EVENT AND clk = '1') THEN
            CASE state IS
                WHEN s0=>
                    state <= s1;
                WHEN s1=>
                    IF input1 ='1' THEN
                        state <= s2;
                    ELSE
                        state <= s1;
                    END IF;
                WHEN s2=>
                    IF input1 = '1' THEN
                        state <= s3;
                    ELSE
                    state <= s2;
                    END IF;
            WHEN s3=> state <= s0;
                END CASE;
            END IF;
        END PROCESS;
        PROCESS(state, input1)
    BEGIN
      CASE state IS
            WHEN s0=>IF input1 = '1' THEN
                        OUTPUT1<=0;
                ELSE OUTPUT1<=4;
                END IF;
            WHEN s1=>IF input1 = '1' THEN
                        OUTPUT1<=1;
```

```
                    ELSE OUTPUT1<=4;
                    END IF;
        WHEN s2=>IF input1 = '1' THEN
                        OUTPUT1<=2;
                    ELSE OUTPUT1<=4;
                    END IF;
        WHEN s3=>IF input1 = '1' THEN
                        OUTPUT1<=3;
                    ELSE OUTPUT1<=4;
                    END IF;
            END CASE;
            END PROCESS;
    END a;
```

5.7.3　Quartus Ⅱ观察状态转换图

Quartus Ⅱ软件在设计状态机时，能自动对程序进行分析，如果发现有状态机，软件能自动给出状态转换图。以例 5-18 为例，当源程序编译综合后，选择菜单按钮，点击选择 Tools/Netlist Viewers/State Machine Viewer，即可出现如图 5-24 所示界面。

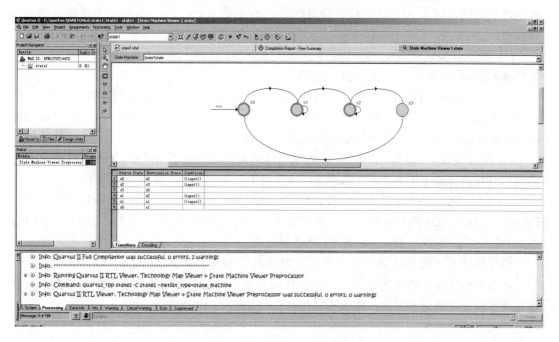

图 5-24　Quartus　Ⅱ观察状态转换图的界面

该界面中，上半部分给出了状态转换图，如图 5-25 所示。下半部分给出了一张表格，表格的内容是各状态之间转换的条件，以例 5-18 为例，该表的内容如表 5-9 所示。

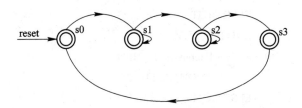

图 5-25　状态转换图

表 5-9　状态间转换条件记录表

Source State	Destination State	Condition
s2	s2	(!input1)
s2	s3	input1
s3	s0	
s1	s2	input1
s1	s1	(!input1)
s0	s1	

观察表 5-9，可以很明确地知道各状态相互转换的条件。例如从状态 s2 转到状态 s3 的条件是"input1"，即当 input1="1"时，状态转换发生。而当 input1="0"时，即表中的 (!input1)的条件下，s2 始终保持不变。

将例 5-18 程序下载入本书配套的 CPLD 电路板进行硬件验证，按照以下步骤进行。注意电路板上的时钟是 10 MHz，经分频后产生 1 Hz 的信号 clk，关于分频的方法请参阅本书第 6 章。

(1) 确定管脚对应关系。输入信号 reset 与按键 S1 对应；input1 与按键 K0 对应；输出信号 output1 与发光二极管 D0～D2 对应。

(2) 由 Quartus Ⅱ进行管脚分配。f10 MHz 在 MAX Ⅱ芯片上对应的管脚号为 12；S1 在 MAX Ⅱ芯片上对应的管脚号为 21；K1 在 MAX Ⅱ芯片上对应的管脚号为 26；D0～D2 在 MAX Ⅱ芯片上对应的管脚号依次为 88、87、86。

(3) 电平定义。以 D0～D2 的亮代表输出信号对应位的电平为"1"，D0～D2 的灭代表输出信号对应位的电平为"0"；按键 S1、K0 按下时相当于输入信号为低电平。

(4) 输入验证。S1 键按下，使复位信号无效，K0 键未按下，表示 input1="1"，此时 D2 灭，而 D0 与 D1 的亮灭每隔一秒在"灭灭"、"灭亮"、"亮灭"、"亮亮"之间依次变化。若 K0 键按下，则 D0、D1 立刻灭，且 D2 亮起来。

硬件验证表明例 5-18 所示程序能够实现米里型(Mealy)状态机的逻辑功能。

本节介绍的状态机状态较少，但无论状态有多少，状态之间的转换有多么复杂，只要遵循状态机设计的固定方法，应能设计出符合性能要求的状态机。

习　题

1. 用 IF 语句设计一个 4-16 译码器。

2. 下列程序欲实现 3-8 译码器的逻辑功能：

```
LIBRARY   IEEE;
USE IEEE.STD_LOGIC_1164.ALL;
ENTITY   test1   IS
    PORT(in1,in2,in3 :IN STD_LOGIC;
         Result : OUT   STD_LOGIC_VECTOR(7 DOWNTO0));
END test1;
ARCHITECTURE a OF test1 IS
SIGNAL temp:STD_LOGIC_VECTOR(1 DOWNTO 0);
BEGIN
    Temp<=in1 & in2 & in3;
    PROCESS(Temp)
    CASE temp IS
        BEGIN
         WHEN "000"=>"11111110";
         WHEN "001"=>"11111101";
        WHEN "010"=>"11111011";
         WHEN "011"=>"11110111";
         WHEN "100"=>"11101111";
         WHEN "101"=>"11011111";
         WHEN "110"=>"10111111";
         WHEN "111"=>"01111111";
        END CASE;
    END PROCESS;
    END a;
```

(1) 将该程序输入到 Quartus Ⅱ，进行语法检查，若有误则进行更正并编译，编译完成后进行仿真，看仿真结果能否实现预期功能，修改直到它满足功能要求。

(2) 给该 3-8 译码器增加三个控制端 ga1、ga2、gb，使得只有当 ga1、ga2 同时为"0"且 gb 为"1"时才允许 3-8 译码器工作。

3．实现一个 4 对 2 优先编码器并在开发工具中正确实现。(提示：设置 4 个输入、2 个输出，当某输入有效时，输出一个对应的 2 位二进制编码，如第 0 个输入有效时，输出为"00"，第 3 个输入有效时，输出为"11"；并且，当几个输入同时有效时，将输出优先级最高的那个输入所对应的二进制编码，4 个输入端的优先级由编程者自己定。)

4．用 CASE 语句实现一个异或门电路。已知异或门电路的真值表如下：

异或门电路真值表

A	B	Y
0	0	0
0	1	1
1	0	1
1	1	0

5. 设计一个 5 人表决器。(提示：设置 5 个输入、1 个输出。输入变量为"1"时表示表决者赞同，反之表示反对；输出变量为"1"时表示表决"通过"，"通过"的条件是 5 人中至少有 3 人同意。)

6. 结合表 5-8，仔细观察图 5-19 所示的输出波形，看该输出是否与真值表完全吻合，若不吻合，说明其中的原因。

7. 用元件例化语句实现一个 8 位的带异步清零端的寄存器。

8. 以下程序有何错处？改正后说明程序实现的逻辑功能。

程序一：

```
LIBRARY IEEE;
USE IEEE.STD_LOGIC_1164.ALL;
ENTITY find IS
  PORT(din,clk:in STD_LOGIC;
        dout :out STD_LOGIC);
END find;
ARCHITECTURE a OF find IS
  COMPONENT DFF
    PORT(d,clk:IN STD_LOGIC;
        q     :OUT STD_LOGIC);
  END COMPONENT;
SIGNAL dtmp:STD_LOGIC_VECTOR(7 downto 0);
BEGIN
  dtmp(0)<=din;
    FOR i IN   0 TO 7 GENERATE
        UX:dff PORT MAP(dtmp(i)=>d,clk=>clk ,dtmp(i+1)=>q );
    END GENERATE;
  dout<=dtmp(8);
END a;
```

程序二：

```
LIBRARY IEEE;
USE IEEE.STD_LOGIC_1164.ALL;
ENTITY shift3 IS
  PORT(din,clk,load   :IN STD_LOGIC;
        dout         :OUT STD_LOGIC_VECTOR(7 DOWNTO 0);
        dload        :IN STD_LOGIC_VECTOR(7 DOWNTO 0));
END shift3;
ARCHITECTURE a OF shift3 IS
SIGNAL dtmp:STD_LOGIC_VECTOR(7 downto 0);
BEGIN
  PROCESS(clk)
```

```
        BEGIN
            IF clk'event AND clk='1' THEN
                IF load='1' THEN
                    dtmp<=dload;
                ELSE
                dtmp(7 DOWNTO 0)<=dtmp(6 downto 0)&din;
                END IF;
            END IF;
        END PROCESS;
    END a;
```

程序三：

```
    LIBRARY IEEE;
    USE IEEE.STD_LOGIC_1164.ALL;
    ENTITY jkdff2 IS
        PORT (j,k:IN STD_LOGIC;
                clk:IN STD_LOGIC;
                q,qb:OUT STD_LOGIC);
    END jkdff2;
    ARCHITECTURE a OF jkdff2 IS
    SIGNAL qtmp,qbtmp:STD_LOGIC;
    BEGIN
        PROCESS(clk,j,k)
        BEGIN
            IF pset='0' THEN
                        qtmp<='1';
                        qbtmp<='0';
            ELSIF clr='0' THEN
                        qtmp<='0';
                        qbtmp<='1';
            ELSIF clk='1' AND clk'event THEN
                IF j='0' AND k='0' THEN NULL;
                ELSIF j='0' AND k='1' THEN
                        qtmp<='0';
                        qbtmp<='1';
                ELSIF j='1' AND k='0'    THEN
                        qtmp<='1';
                        qbtmp<='0';
                ELSE qtmp<=NOT qtmp;
                        qbtmp<=NOT qbtmp;
```

```
                              END IF;
                          END IF;
                    q<=qtmp;
                    qb<=qbtmp;
                 END PROCESS;
             END a;
```

9. 用元件例化语句将 8 个 JK 触发器例化为一个 8 位的异步计数器。

10. 某实体的仿真波形如图题 10 所示，试分析该实体实现的逻辑功能，并用 VHDL 语言编写出实现该功能的程序。

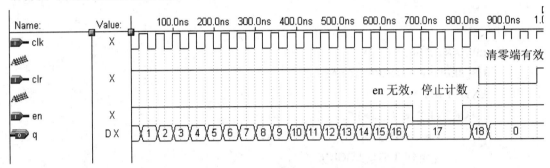

图题 10　实体的仿真波形

第6章　典型数字系统设计

【**本章提要**】　本章主要介绍部分典型数字系统的 VHDL 设计方法，主要内容包括:

- 分频器;
- 交通灯控制器;
- 数字频率计;
- 数字钟电路;
- LCD 接口控制电路;
- 串行口控制器;
- 2FSK/2PSK 信号产生器。

本章给出部分典型数字电路的 VHDL 设计方法，这些实用数字电路一般可作其为他更复杂数字系统的某个模块加以直接调用。通过本章的介绍，希望给读者提供更多有实践价值的实例，读者也可从本章内容获得一些设计方面的启发。本章内容可以作为课程设计的选题或者学生自主科技活动的练习内容。

6.1　分 频 电 路

分频电路是数字电路中应用十分广泛的一种单元电路。尤其在 EDA 系统中，由于 FPGA 芯片外接晶振通常频率较高(如 Xilinx 公司的 BASYS 电路板的晶振最高可产生 100 MHz 的时钟信号)，而系统中不同模块所需的工作时钟频率一般是不同的，当所需频率小于晶振提供的频率时，就需要分频电路对晶振提供的高频时钟频率进行降频，以获得所需的工作时钟。比如，对于秒钟产生器，要求按秒递增，当输入为 100 MHz 时钟时，就需要对它进行 10^8 分频才能得到 1 Hz 秒钟信号。

目前大部分 FPGA 芯片片内集成了锁相环，如 Altera 的 PLL。应用锁相环可以很精确地对外部输入时钟进行分频与倍频，然而，其分频与倍频的的倍数只有有限的若干种，因此一般仅用来调节主时钟频率。当设计的目标系统要求实现特殊的分频或倍频系数时，就需要通过编写 HDL 程序进行设计。

用 VHDL 设计分频器的本质是对被分频信号的脉冲进行计数。本节首先介绍偶数分频的设计方法，然后介绍奇数分频的设计方法，最后介绍 X.5 小数分频的设计方法。

6.1.1　偶数分频

用 VHDL 设计偶数分频器的本质是对被分频信号的脉冲进行计数，因此偶数分频的功能可以由一个普通的计数器来实现。设分频系数为 M，则由模为 M/2 的计数器即可实现一个占空比为 50% 的 M 分频器。例 6-1 给出了一个实现 16 分频的分频器程序。

【**例 6-1**】 16 分频分频器程序。

```
LIBRARY IEEE;
USE IEEE.STD_LOGIC_1164.ALL;
USE IEEE.STD_LOGIC_ARITH.ALL;
USE IEEE.STD_LOGIC_UNSIGNED.ALL;
ENTITY div_fre IS
  PORT (clk:  IN STD_LOGIC;
         rst:  IN STD_LOGIC;
      div_out:  OUT STD_LOGIC);
END div_fre;
ARCHITECTURE a OF div_fre IS
SIGNAL cnt: STD_LOGIC_VECTOR (2 DOWNTO 0);
SIGNAL div_tmp:STD_LOGIC;
BEGIN
PROCESS (clk)
BEGIN
IF (rst='1') THEN
    cnt<="000";
ELSIF (clk'EVENT AND clk='1') THEN
    IF (cnt="111") THEN
        div_tmp<=NOT div_tmp;
        cnt<= (OTHERS=>'0');
    ELSE
        cnt<=cnt+1;
    END IF;
END IF;
END PROCESS;
div_out<=div_tmp;
END a;
```

例 6-1 中，为了实现 16 分频，对输入时钟从零开始计数，当计数到(16/2)−1=7 时，对分频输出时钟进行翻转，同时将计数值清零。其仿真结果如图 6-1 所示，从图中可以看出，分频输出频率 div_out 的一个周期是输入频率 clk 的 16 倍，即产生了 16 分频。同时分频输出脉冲的高低各占 8 个输入时钟，实现了占空比为 50%的效果。

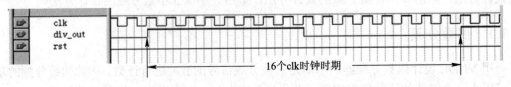

图 6-1 占空比为 50%的 16 分频电路仿真结果

例 6-2 给出了一个占空比为 1：15 的 16 分频电路。本例的实体部分与例 6-1 相同，结构体内定义的内部信号 cnt 的宽度改变为 4 位。

【例 6-2】　占空比为 1：15 的 16 分频电路程序。

```
ARCHITECTURE a OF div_fre IS
SIGNAL cnt: STD_LOGIC_VECTOR (3 DOWNTO 0);
SIGNAL div_tmp:STD_LOGIC;
BEGIN
PROCESS (clk)
BEGIN
IF (rst='1') THEN
    cnt<="0000";
ELSIF (clk'EVENT AND clk='1') THEN
    IF (cnt="1111") THEN
        cnt<= (OTHERS=>'0');
        div_tmp<='1';
    ELSE
        cnt<=cnt+1;
        div_tmp<='0';
    END IF;
END IF;
END PROCESS;
div_out<=div_tmp;
END a;
```

仿真结果如图 6-2 所示，从图中可以看出，分频输出频率 div_out 的一个周期是输入频率 clk 的 16 倍，即产生了 16 分频。同时分频输出脉冲的高电平宽度为 1 个输入时钟宽度，低电平宽度为 15 个输入时钟宽度，即实现了占空比为 1：15 的效果。

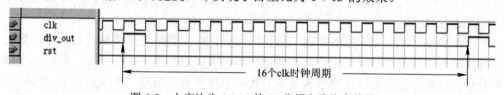

图 6-2　占空比为 1：15 的 16 分频电路仿真结果

6.1.2　奇数分频

奇数分频的实现方法有多种，其中之一是通过计数器来实现。例 6-3 给出了一个以计数器设计的 15 分频计数器的 VHDL 程序，该程序的实体部分与例 6-2 相同。

【例 6-3】　以计数器设计的 15 分频计数器程序。

```
ARCHITECTURE a OF div_fre IS
SIGNAL cnt: STD_LOGIC_VECTOR (3 DOWNTO 0);
SIGNAL div_tmp:STD_LOGIC;
```

```
    BEGIN
    PROCESS (clk)
    BEGIN
    IF (rst='1') THEN
        cnt<="0000";
    ELSIF (clk' EVENT AND clk='1') THEN
        IF (cnt="1110") THEN
            cnt<= (OTHERS=>'0');
            div_tmp<='1';
        ELSE
            cnt<=cnt+1;
            div_tmp<='0';
        END IF;
    END IF;
    END PROCESS;
    div_out<=div_tmp;
    END a;
```

图 6-3 给出了例 6-3 的仿真结果。

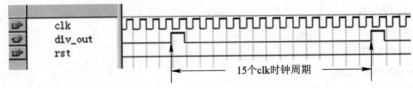

图 6-3　占空比为 1∶14 的 15 分频电路仿真结果

　　对比例 6-3 与例 6-2，读者可以发现，唯一不同点只是使分频信号输出端置高电平的时刻发生了变化。例 6-2 实现 16 分频，因此在计数到第 15 个被分频时钟时使分频输出信号置高电平。而例 6-3 为了实现 15 分频，选择了输入被分频时钟的计数值为 14 时将分频输出信号置高电平。

　　读者可以举一反三，当要实现 N 分频时，无论 N 是偶数还是奇数，只要在计数值为 N−1 时使输出信号电平发生变化，而其他计数值时输出信号电平维持不变，即可实现指定的 N 分频。这种方法完全以计数器来实现分频，原理简单，但唯一不足点在于此法的占空比只能在 1∶N−1 或 N−1∶1 之间变化。

　　对于偶数分频实现占空比为 50%的方法例 6-1 已经给出。为了分析产生占空比为 50%的奇数分频实现方法，在例 6-1 的基础上，增加部分语句，如例 6-4 所示。

　　【例 6-4】　占空比为 50%的奇数分频程序。

```
    ARCHITECTURE a OF div_fre IS
    SIGNAL cnt: STD_LOGIC_VECTOR (3 DOWNTO 0);
    SIGNAL div_tmp:STD_LOGIC;
    BEGIN
    PROCESS (clk)
```

```
BEGIN
IF (rst='1') THEN
    cnt<="0000";
ELSIF (clk' EVENT AND clk='1') THEN
    IF (cnt="1110") THEN
        div_tmp<=NOT div_tmp;
        cnt<= (OTHERS=>'0');
    ELSIF (cnt="0111") THEN
        div_tmp<=NOT div_tmp;
        cnt<= cnt+1;
    ELSE cnt<=cnt+1;
    END IF;
END IF;
END PROCESS;
div_out<=div_tmp;
END a;
```

在程序 6-4 中，分频系数为 N=15，当计数值到达 N−1=14 时，输出时钟取反，并且将计数值清零；当计数值到达(N−1)/2=7 时，输出时钟再次取反，但计数值继续递增计数，其他计数值情况下正常递增计数。该程序的仿真结果如图 6-4 所示，图中显示，这种分频方法所得的 15 分频信号的占空比为 7∶8。

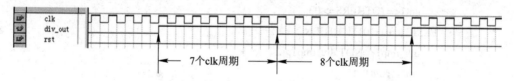

图 6-4　占空比为 7∶8 的 15 分频电路仿真结果

显然，占空比接近 50%，仔细观察图 6-4，发现如果让高电平再延长半个 clk 周期，而低电平缩短半个 clk 周期，就可以实现占空比为 7.5∶7.5，即占空比为 50%的效果。为此，将例 6-4 作一次微调：将上升沿判断语句 CLK' EVENT AND CLK='1' 改为下降沿判断语句 CLK'EVENT AND CLK='0'，再作仿真，得到图 6-5 所示的仿真波形。

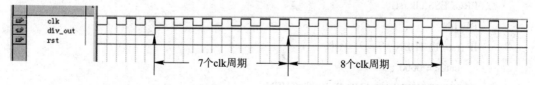

图 6-5　下降沿驱动占空比为 7∶8 的 15 分频电路仿真结果

对比图 6-4 与图 6-5，发现只要将二者作相或运算，即可使图 6-4 的输出信号 div_out 的高电平延长半个 clk 周期，而低电平缩短半个 clk 周期。为了实现这种相或的效果，将例 6-4 与其微调后的程序合二为一，如例 6-5 所示。

【例 6-5】　占空比为 50%的 15 分频电路程序设计。

```
LIBRARY IEEE;
USE IEEE.STD_LOGIC_1164.ALL;
USE IEEE.STD_LOGIC_ARITH.ALL;
USE IEEE.STD_LOGIC_UNSIGNED.ALL;
ENTITY div_fre IS
    PORT (clk:  IN STD_LOGIC;
          rst:  IN STD_LOGIC;
        div_out:  OUT STD_LOGIC);
END div_fre;
ARCHITECTURE a OF div_fre IS
SIGNAL cnt1,cnt2: STD_LOGIC_VECTOR (3 DOWNTO 0);
SIGNAL div_tmp1,div_tmp2:STD_LOGIC;
BEGIN
PROCESS (clk,rst)
BEGIN
IF (rst='1') THEN
    cnt1<="0000";
ELSIF (clk' EVENT AND clk='1') THEN
    IF (cnt1="1110") THEN
        div_tmp1<=NOT div_tmp1;
        cnt1<= (OTHERS=>'0');
    ELSIF (cnt1="0111") THEN
        div_tmp1<=NOT div_tmp1;
        cnt1<= cnt1+1;
    ELSE cnt1<=cnt1+1;
    END IF;
END IF;
END PROCESS;

PROCESS(clk,rst)
BEGIN
IF (rst='1') THEN
    cnt2<="0000";
ELSIF (CLK' EVENT AND CLK='0') THEN
    IF (cnt2="1110") THEN
        div_tmp2<=NOT div_tmp2;
        cnt2<= (OTHERS=>'0');
    ELSIF (cnt2="0111") THEN
        div_tmp2<=NOT div_tmp2;
```

```
            cnt2<= cnt2+1;
        ELSE cnt2<=cnt2+1;
        END IF;
    END IF;
    END PROCESS;
    div_out<=div_tmp1 OR div_tmp2;
    END a;
```

例 6-5 的仿真结果如图 6-6 所示，从图中可以看出，输出分频信号 div_out 的周期是输入被分频时钟 clk 周期的 15 倍，且占空比为 50%。

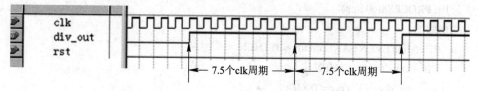

图 6-6　占空比为 50%的 15 分频电路仿真结果

6.1.3　X.5 分频

前面介绍的偶数分频与奇数分频都是整数分频，有时需要对输入时钟进行小数位为 0.5 的分频。比如设有一个 12 MHz 的时钟源，但电路中需要产生一个 1.85 MHz 的时钟信号，由于分频比为 6.5，此时整数分频器就不能胜任。

采用 VHDL 编程实现分频系数 N=6.5 的分频器，可采用以下方法：首先进行模 7 的计数，在计数到 6 时，将输出时钟赋为"1"，并且将计数值清零。这样，当计数值为 6 时，输出时钟才为 1，只要再设计一个扣除脉冲电路，每到 7 个脉冲就扣除一个脉冲，即可实现 6+0.5 分频时钟。整个过程如图 6-7 所示。例 6-6 按照此法编制了 VHDL 程序，其仿真结果如图 6-8 所示。采用类似方法，可以设计分频系数为任意半整数的分频器。

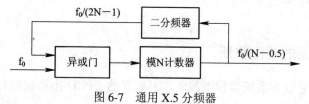

图 6-7　通用 X.5 分频器

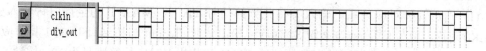

图 6-8　6.5 分频电路仿真结果

【例 6-6】　分频系数为 6.5 的分频器程序设计。

```
LIBRARY IEEE;
USE IEEE.STD_LOGIC_1164.ALL;
USE IEEE.STD_LOGIC_UNSIGNED.ALL;
ENTITY div_half IS
```

```
            PORT(clkin:IN STD_LOGIC;
                div_out:BUFFER STD_LOGIC);
        END div_half;
        ARCHITECTURE a OF div_half IS
        SIGNAL clktmp,out_divd:STD_LOGIC;
        SIGNAL out_div:STD_LOGIC;
        SIGNAL cnt:STD_LOGIC_VECTOR(3 DOWNTO 0);
        BEGIN
        clktmp<=clkin XOR out_divd;
        P1: PROCESS(clktmp)
        BEGIN
            IF clktmp'EVENT AND clktmp='1' THEN
              IF   cnt="0110"   THEN
                  out_div<='1'; cnt<="0000";
              ELSE
                  cnt<=cnt+1; out_div<='0';
              END IF;
        END IF;
        END PROCESS P1;
        P2:PROCESS(out_div)
        BEGIN
            IF out_div'EVENT AND out_div='1' THEN
                out_divd<=NOT out_divd;
            END IF;
        END PROCESS p2;
        div_out<=out_div;
        END a;
```

6.1.4   6.5 分频器的硬件验证

将例 6-6 程序通过在系统编程下载入本书配套的 CPLD 电路板进行硬件验证,按照以下步骤进行:

(1) 确定管脚对应关系。输入等待分频的信号 clk 与 MAX Ⅱ 的全局时钟输入引脚 GCLK0 对应;复位信号 rst 与按键 S1 对应;输出信号 div_out 与拓展口 J3 的 1 脚对应。

(2) 由 Quartus Ⅱ 进行管脚分配。clk 在 MAX Ⅱ芯片上对应的管脚号为 12;按键 S1 对应的管脚号为 21;div_out 在 MAX Ⅱ芯片上对应的管脚号为 36。

(3) 电平定义。按键 S1 按下时相当于输入信号为低电平。

(4) 观察验证。用示波器 36 脚的输出波形与 12 引脚的时钟信号的频率,可以观察到 12 引脚的时钟信号为 10 MHz,而 36 脚的波形为 0.67 MHz 方波信号,从而实现了占空比为 50%的 15 分频分频器的逻辑功能。

读者通过同样方法可以观察其他的分频效果。

6.2 交通灯控制器

本节主要介绍模仿十字路口的交通灯控制效果的 VHDL 编程控制方法，实验过程采用实验平台上的红、黄、绿三种色彩的 LED 灯代表红灯、黄灯与绿灯，在东西和南北方向各有一组红黄绿灯，通过编程控制不同方向、不同色彩的 LED 灯按照交通指挥的规律亮灭。

6.2.1 交通灯控制器的功能描述

设东西方向和南北方向的车流量大致相同，因此红、黄、绿灯的时长也相同，定为红灯 25 秒，黄灯 5 秒，绿灯 20 秒，同时用数码管指示当前状态(红、黄、绿灯剩余时间)。另外设计一个紧急状态，当紧急状态出现时，两个方向都禁止通行，指示红灯。紧急状态解除时，重新计数并指示。

6.2.2 交通灯控制器的实现

交通灯控制器是状态机的一个典型的应用，除了计数器是状态机外，还有东西、南北方向的不同状态组合(红绿、红黄、绿红、黄红四个状态)，如表 6-1 所示。但我们可以简单地将其看成两个(东西、南北)减 1 计数的计数器，通过检测两个方向的计数值，可以检测红黄绿灯组合的跳变。这样使一个较复杂的状态机设计变成一个较简单的计数器设计。

表 6-1 交通灯的四种可能亮灯状态

状态	东西方向			南北方向		
	红	黄	绿	绿	黄	红
1	1	0	0	1	0	0
2	1	0	0	0	1	1
3	0	0	1	0	0	1
4	0	1	0	0	0	1

本例假设东西方向和南北方向的黄灯时间均为 5 秒，在设计交通灯控制器时，可在简单计数器的基础上增加一些状态检测，即通过检测两个方向的计数值来判断交通灯应处于四种可能状态中的哪个状态。本交通灯控制器外部接口如图 6-9 所示。

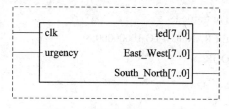

图 6-9 交通灯控制器外部接口

表 6-2 列出了需检测的状态跳变点，从表中可以看出，有两种情况出现了东西方向和南北方向计数值均为 1 的情况，因此在检查跳变点时还应同时判断当前是处于状态 2 还是状态 4，这样就可以决定次状态是状态 3 还是状态 1。

表 6-2 交通灯设计中的状态跳变点

交通灯现状态	计数器计数值		交通灯次状态	计数器计数值	
	东西方向计数值	南北方向计数值		东西方向计数值	南北方向计数值
1	6(红)	1(绿)	2	5(红)	5(黄)
2	1(红)	1(黄)	3	20(绿)	25(红)
3	1(绿)	6(红)	4	5(黄)	5(红)
4	1(黄)	1(红)	1	25(红)	20(绿)

对于紧急情况，只需设计一个异步时序电路即可。

程序中还应防止出现非法状态，即程序运行后应判断东西方向和南北方向的计数值是否超出范围。此电路仅在电路启动运行时有效，因为一旦两个方向的计数值正确后，就不可能再计数到非法状态。

6.2.3　交通灯控制器的 VHDL 程序

本节给出了交通灯的 VHDL 描述方法，例 6-7 中的输出信号 led 包含有 6 位，每位与实际电路板上的 LED 之间的对应关系如表 6-3 所示。

表 6-3 CPLD 输出信号与 LED 对应关系

led(5)	led(4)	led(3)	led(2)	led(1)	led(0)
东西方向			南北方向		
红灯(30 秒)	黄灯(5 秒)	绿灯(20 秒)	绿灯(20 秒)	黄灯(5 秒)	红灯(30 秒)

【例 6-7】　交通灯控制器的 VHDL 程序。

```
LIBRARY IEEE;
USE IEEE.STD_LOGIC_1164.ALL;
USE IEEE.STD_LOGIC_UNSIGNED.ALL;
ENTITY traffic IS
PORT(f10MHz,urgency:IN STD_LOGIC;
        led:INOUT STD_LOGIC_VECTOR(5 DOWNTO 0);
East_West,South_North:buffer STD_LOGIC_VECTOR(7 DOWNTO 0));
END traffic;
ARCHITECTURE rtl of traffic IS
SIGNAL cnt:INTEGER RANGE 0 TO 10000000;
SIGNAL clk:STD_LOGIC;
BEGIN
PROCESS(f10MHz)
    BEGIN
        IF f10MHz'EVENT AND f10MHz='1' THEN
            IF cnt=4999999 THEN cnt<=0;clk<=NOT clk;
            ELSE cnt<=cnt+1;
```

```vhdl
          END IF;
        END IF;
    END PROCESS;
    PROCESS(clk)
    BEGIN
      IF urgency='0' THEN                              --紧急状况
        led<="100001";
        East_West<="00000000";
        South_North<="00000000";
      ELSIF clk' EVENT AND clk='1' THEN
    --当进入计数错误时纠正到东西方向亮红灯、南北方向亮绿灯的状态
        IF East_West>"00110001" or South_North>"00110001" THEN
        East_West<="00110000";          South_North<="00100000";
        led<="100100";                        --东西方向亮红灯，南北方向亮绿灯
        ELSIF East_West="00000110" AND South_North="00000001" THEN
    --东西方向红灯余 5 秒，南北方向进入黄灯 5 秒阶段
        East_West<="00000101";
        South_North<="00000101";
        led<="100010";
      ELSIF East_West="00000001" AND South_North="00000001" AND
         led="100010" THEN
        East_West<="00100000";
        South_North<="00110000";
        led<="001001";                        --东西方向进入绿灯，南北方向进入红灯
      ELSIF East_West="00000001" AND South_North="00000110" THEN
        East_West<="00000101";
        South_North<="00000101";
        led<="010001";                        --东西方向开始亮黄灯，南北方向的红灯还余 5 秒
      ELSIF East_West="00000001" AND South_North="00000001"
          AND led="010001"    THEN
        East_West<="00110000";
        South_North<="00100000";
        led<="100100";                        --东西方向亮红灯，南北方向亮绿灯
      ELSIF East_West(3 DOWNTO 0)=0 THEN
        East_West<=East_West-7;          --满足 BCD 码减法要求
        South_North<=South_North-1;      --正常减 1
      ELSIF South_North(3 DOWNTO 0)=0 THEN
        East_West<=East_West-1;
        South_North<=South_North-7;
      ELSE
```

```
            East_West<=East_West-1;
            South_North<=South_North-1;
        END IF;
      END IF;
    END PROCESS;
  END rtl;
```

例 6-7 中的输出信号 East_West 和 South_North 分别用来表示东西方向与南北方向亮灯的剩余时间。为了能直接将剩余时间显示到数码管，程序中将这两个信号以 BCD 码的规则进行处理，因此将这两个信号直接送往 BCD 码译码电路就可以显示出相关的数字。实际操作时，读者可以将例 6-7 与第 5 章的数码显示译码电路例 5-8 联系起来形成一个整体电路控制外部数码管，也可以将 East_West 和 South_North 信号直接与电路板上使用的硬件数码管显示译码驱动器相连，使之控制数码管显示相关电路。

6.2.4　交通灯控制器的硬件验证

本书配套的 CPLD 电路板时钟信号为 10 MHz，为了获得 1 Hz 的时钟信号，首先要对 10 MHz 进行 10^7 分频。将例 6-7 程序通过在系统编程下载入电路板进行硬件验证，按照以下步骤进行：

(1) 确定管脚对应关系。输入信号 urgency 与按键 K1 对应；输出信号 led 与发光二极管 D5～D0 一一对应；输出信号 East_West 和 South_North 与电路板上的数码管显示译码驱动器引脚相连，其中 East_West 的低 4 位与数码管 U1 的十进制输入管脚相连，East_West 的高 4 位与数码管 U2 的十进制输入管脚相连，South_North 的低 4 位与数码管 U3 的十进制输入管脚相连，South_North 的高 4 位与数码管 U4 的十进制输入管脚相连。

(2) 由 Quartus II 进行管脚分配。f10 MHz 在 MAX II 芯片上对应的管脚号为 12；K1 在 MAX II 芯片上对应的管脚号为 27；D0～D5 在 MAX II 芯片上对应的管脚号依次为 88～83；数码管 U1 的十进制输入管脚在 MAX II 芯片上对应的管脚号为 100～97；数码管 U2 的十进制输入管脚在 MAX II 芯片上对应的管脚号为 96、95、92、91；数码管 U3 的十进制输入管脚在 MAX II 芯片上对应的管脚号为 61、58～56；数码管 U4 的十进制输入管脚在 MAX II 芯片上对应的管脚号为 55～52。

(3) 电平定义。以 D5～D0 的亮代表输出信号对应位的电平为 "1"，D5～D0 的灭代表输出信号对应位的电平为 "0"；按键 K1 按下时相当于输入信号为低电平。

(4) 运行验证。按下 K1，表示进入紧急状态，此时东西方向与南北方向的红灯都亮，数码管均显示 "0"。弹出 K1 后，可观察到相应灯的亮灭情况，各灯的亮灭时间通过数码管可以显示，经验证能实现交通灯控制功能。

6.3　数字频率计

设计一个数字频率计，要求其能测量输入脉冲的频率，并在 EDA 实验平台上通过数码管指示测得的频率值。

6.3.1　测频原理

频率计的基本原理是用一个频率稳定度高的频率源作为基准时钟，对比测量其他信号的频率。通常情况下计算每秒钟内待测信号的脉冲个数，此时我们称闸门时间为 1 秒。闸门时间也可以大于和小于 1 秒。闸门时间越长，得到的频率值就越准确，但闸门时间长时每测一次频率的间隔就越长。闸门时间越短，测得的频率值刷新就越快，但测得的频率精度会受到影响。

6.3.2　频率计的组成结构分析

频率计的结构包括一个测频控制信号发生器、一个计数器和一个锁存器。

1．测频控制信号发生器

频率计设计的关键是测频控制信号发生器，用以产生测量频率的控制时序。控制时钟信号 clk 取为 1 Hz，二分频后产生 0.5 Hz 信号，命名为 test_en，此信号即为计数闸门信号，它是周期为 2 秒的时钟，其中高电平 1 秒，低电平 1 秒。当 test_en 为高电平时，允许计数；当 test_en 由高电平变为低电平，即产生一个下降沿时，应产生一个锁存信号，将计数值保存起来；锁存数据后，还要在下次 test_en 上升沿到来之前产生清零信号 clear，将计数器清零，为下次计数作准备。

2．计数器

计数器以待测信号作为时钟，清零信号 clear 到来时，异步清零；test_en 为高电平时开始计数。计数以十进制数显示，本例设计了一个简单的 10 kHz 以内信号的频率计，如果需要测试较高频率的信号，则将 dout 的输出位数增加，当然锁存器的位数也要相应增加。

3．锁存器

当 test_en 下降沿到来时，将计数器的计数值锁存，这样可由外部的 7 段译码器译码并在数码管上显示。设置锁存器的好处是显示的数据稳定，不会由于周期性的清零信号而不断闪烁。锁存器的位数应跟计数器完全一样。

数字频率计外部接口如图 6-10 所示。

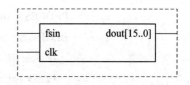

图 6-10　数字频率计外部接口

6.3.3　频率计的 VHDL 程序

【例 6-8】　数字频率计的 VHDL 程序。

```
LIBRARY IEEE;
    USE IEEE.STD_LOGIC_1164.ALL;
    USE IEEE.STD_LOGIC_UNSIGNED.ALL;
    ENTITY freq IS
    PORT(fsin:IN STD_LOGIC;                --待测信号
        f10MHz:IN STD_LOGIC;         --锁存后的数据，显示在数码管上
        dout:OUT STD_LOGIC_VECTOR(15 DOWNTO 0));
```

```
        END freq;
        ARCHITECTURE one of freq IS
        SIGNAL test_en:STD_LOGIC;                    --测试使能
        SIGNAL clear:STD_LOGIC;                      --计数清零
        SIGNAL data:STD_LOGIC_VECTOR(15 DOWNTO 0); --计数值 5
        SIGNAL clk:STD_LOGIC;
        SIGNAL cnt:INTEGER RANGE 0 TO 5000000;
        BEGIN
          PROCESS(f10MHz)
  BEGIN
      IF f10MHz'EVENT AND f10MHz='1' THEN
          IF cnt=4999999 THEN cnt<=0;clk<=NOT clk;
              ELSE cnt<=cnt+1;
              END IF;
      END IF;
  END PROCESS;
          PROCESS(clk)
          BEGIN
            IF clk'EVENT AND clk='1' THEN test_en<=not test_en;
            END IF;
          END PROCESS;
        --信号 test_en 的上升沿到来之前清零
          clear<=not clk AND not test_en;

          PROCESS(fsin,clear)
          BEGIN
            IF clear='1' THEN data<="0000000000000000";
            ELSIF fsin'event AND fsin='1' THEN
              IF data(15 DOWNTO 0)="1001100110011001" THEN
                data<="0000000000000000";
              ELSIF data(11 DOWNTO 0)="100110011001" THEN
                data<=data+"011001100111";
              ELSIF data(7 DOWNTO 0)="10011001" THEN data<=data+"01100111";
              ELSIF data(3 DOWNTO 0)="1001" THEN data<=data+"0111";
              ELSE data<=data+'1';
              END IF;
            END IF;
          END PROCESS;
```

```
           PROCESS(test_en,data)
           BEGIN
               IF test_en'event AND test_en='0' THEN dout<=data;
               END IF;
           END PROCESS;
       END one;
```

6.3.4　频率计的仿真结果

　　频率计的仿真波形如图 6-11 所示。本节进行仿真设置时，将被测信号 fsin 的周期设为 810 μs，即被测频率为 1235 Hz。观察图 6-11，可以看到用于输出测量结果的数据端 dout 的测量值为 1235，表明该频率计能够实现预期的频率测量功能。

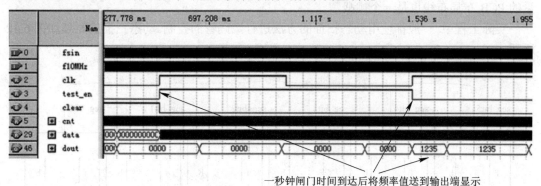

一秒钟闸门时间到达后将频率值送到输出端显示

图 6-11　频率计仿真波形图

6.3.5　频率计的硬件验证

　　将例 6-8 程序通过在系统编程下载入电路板进行硬件验证，按照以下步骤进行：

　　(1) 确定管脚对应关系。输入信号 fsin 与拓展口 J3 的 1 脚对应；输出信号 dout(0～15) 分别与四个 8 段数码管的十进制输入端 com1～com16 一一对应。

　　(2) 由 Quartus Ⅱ进行管脚分配。f10 MHz 在 MAX Ⅱ芯片上对应的管脚号为 12；拓展口 J3 的 1 脚在 MAX Ⅱ芯片上对应的管脚号为 36；com1～com16 在 MAX Ⅱ芯片上对应的管脚号依次为 100～95、92、91、67、66、61、58～54；

　　(3) 电平定义。以 D1～D8 的亮代表输出信号对应位的电平为 "1"，D1～D8 的灭代表输出信号对应位的电平为 "0"。

　　(4) 观察验证。通过在输入管脚接入频率一定的信号进行频率测试，通过数码显示管的显示可以发现频率测试基本准确。

6.4　实用数字钟电路

　　第 5 章曾介绍了数码显示译码电路，实际工程中，这种半导体数码管的控制方式有静态显示与动态扫描显示两种。静态显示是指当数码管显示某个数字或字母时,相应的各段发光二极管恒定地导通或截止,一直到需要显示其他数字或字母时,才改变各段发光二极管的导通情况。例如,对共阴极数码管而言,当显示 2 时,a~h 这 8 段的发光二极管中,除了 a、b、d、e、g 这 5 段 LED 导通外,其他三段均截止;当同一数码管由 2 变成 3 时,除了 e、f 这两段 LED 截止外,其他 LED 都导通。

第 5 章也曾提到数字钟的例子,请参见图 5-1。图中可以看到,作为数字钟电路,用于输出显示的数码管至少应有 6 个,分别用于显示时、分、秒。而每个数码管用于控制各段发光二极管的控制引脚有 8 个,因此在实际使用中,若不采取任何措施而由 FPGA 直接控制这些数码管,将耗费 FPGA 芯片的 48 个引脚。即使在 FPGA 外围配置十进制 8 段码译码电路,每显示一个数字 FPGA 只需输出 4 位十进制,则 6 个数码管也需 FPGA 空出 24 个引脚可供使用。显然,仅为了数码显示而占用如此多的外部引脚不但是资源的浪费,对高质量的 PCB 布局布线也是一个挑战。

实际工程中,一般都使用动态扫描的方法进行数码管的控制。动态扫描的原理如图 6-12 所示。

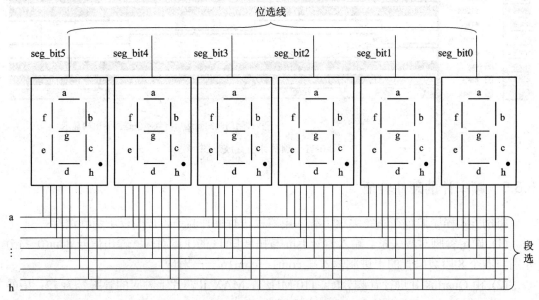

图 6-12 动态扫描原理图

为了减少对 FPGA 芯片的引脚数目的要求,动态扫描显示方式要求将每个数码管的段选线 a~h 连到一起,而每个数码管的位选线(对共阴极而言,位选线即该数码管内部所有发光二极管的阴极)相互独立。进行显示时,由位选线决定哪个数码管亮。例如,假设当前段选线 a~h 的电平为"11011010"(该码因显示为 2,故称为 2 的段选码),则:

(1) 若要求图 6-12 中左起第三个数码管亮,而其他数码管不显示数字,只需让 seg_bit3 为低电平,其他位选线为高电平即可。

(2) 若段选线的内容不变,当 seg_bit0 为低电平,其他为高电平时,则 2 这个数字将显示到第一个数码管,刚才显示的第三个数码管就不显示任何内容了。

(3) 若段选线的内容不变,seg_bit3、seg_bit0 同时为低电平,而其他位选线为高电平,则左起第三个与第五个数码管都将显示 2，而其他数码管不显示任何内容。

综上所述，当多个数码管采用动态扫描方式进行控制时，任何一个时刻在这多个数码管上只能显示一种数字或符号。对图 5-1 所示的数字钟，若要求在图 6-12 所示的数码管上显示时钟，可以左起两个显示小时，中间两个显示分钟，而右边两个显示秒钟。当要显示 12:34:56 时，方案是：

(1) 将 6 的段选码送到公用的段选线，使 seg_bit0 为低电平，其他位选线为高电平，则首先显示 6 于最右边的数码管。

(2) 将 5 的段选码送到公用的段选线，使 seg_bit1 为低电平，其他位选线为高电平，则 5 显示于右起第二个数码管。

(3) 按以上两个步骤，依次将要显示的数字"4、3、2、1"的段选码送到段选线，并依次将 bseg_bit2、seg_bit3、seg_bit4、seg_bit5 设为低电平。

考虑到人眼的视觉惰性，对于中等亮度的光刺激，约有 0.05～0.2 s 视觉暂留时间，只要在视觉暂留时间内将这 6 个数码管的数字依次显示一遍，则对人眼而言，仿佛是所有的数码管同时显示不同的数字。对图 6-12 所示的 6 个数码管而言，取视觉暂留时间为 60 ms，则每个数码管的数字显示时间不能超过 10 ms。

因此，针对这种 6 个数码管的动态扫描，要求每个数码管的位选线为低电平的时间低于 10 ms 即可。图 6-13 为 FPGA 以动态扫描方式驱动数码管的外部连接图。图 6-14 为数字钟在 FPGA 内部的功能结构图。

图 6-12 中 FPGA 的 seg_bit5～0 即图 6-14 中的输出管脚 seg_bit5～0；图 6-13 中 FPGA 的 a～h 与图 6-14 中的输出管脚 seg_out7～0 一一对应，VHDL 程序中将 a～h 改名为矢量类型的目的是为了编程方便。

从图 6-14 中可以看出，数字钟系统包括分频模块 fdiv、时钟产生模块 clock 与时钟显示驱动模块 seg_disp。

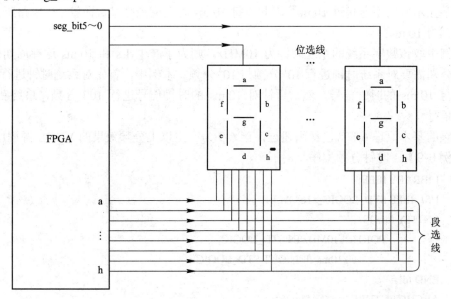

图 6-13　FPGA 与数码管外部连接示意图

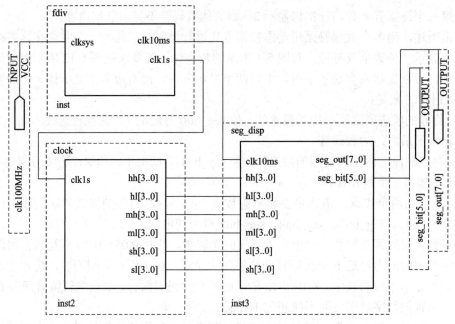

图 6-14   数字钟系统结构图

6.4.1 分频模块

对于时钟产生模块，需要每 60 秒向分钟进一位，每 60 分钟向小时进一位，每 24 小时重回到零点零分零秒。其中，用于产生秒钟所需的计数时钟周期显然为 1 秒，用于产生分钟所需的计数时钟周期为 60 秒，用于产生小时所需的计数时钟周期为 60 分。

前面已经知道，对本例中的 6 个数码管而言，取视觉暂留时间为 60 ms，则每个数码管的数字显示时间不能超过 10 ms。因此设每 10 ms 时间应点亮某数码管，该电路所需计数时钟周期为 10 ms。

本例中取该数字系统的系统时钟为 10MHz，则为了产生 1 s 和 10 ms 这种周期的时钟信号，分别需要对系统时钟进行 10^7 分频与 10^5 分频。本例中，首先对系统时钟进行 10^5 分频，取得 10 ms 的时钟信号，然后再针对 10 ms 的时钟信号进行 100 分频，最终获得 1 s 的时钟信号。

分频的基本原理 6.1 节已经阐述过，例 6-9 为产生以上分频效果的 VHDL 源程序。

【例 6-9】   时钟分频程序。

```
LIBRARY IEEE;
USE IEEE.STD_LOGIC_1164.ALL;
ENTITY fdiv IS
        PORT(clk10MHz:IN STD_LOGIC;
                clk10ms,clk1s:OUT STD_LOGIC);
END fdiv;
ARCHITECTURE one OF fdiv IS
SIGNAL    clktmp_ms,clktmp_s:STD_LOGIC;
```

```
SIGNAL    cnt_ms:INTEGER RANGE 0 TO 49999;
SIGNAL    cnt_s:INTEGER RANGE 0 TO 49;
BEGIN

    PROCESS(clk10MHz,cnt_ms,clktmp_ms)
    BEGIN
        IF clk10MHz'event AND clk10MHz='1' THEN
            IF cnt_ms=49999 THEN clktmp_ms<=NOT clktmp_ms;cnt_ms<=0;
            ELSE cnt_ms<=cnt_ms+1;
            END IF;
        END IF;
    END PROCESS;

    PROCESS(clktmp_ms)
    BEGIN
        IF clktmp_ms'event AND clktmp_ms='1' THEN
            IF cnt_s=49 THEN clktmp_s<=NOT clktmp_s;cnt_s<=0;
            ELSE cnt_s<=cnt_s+1;
            END IF;
        END IF;
    END PROCESS;
    clk1s<=clktmp_s;
    clk10ms<=clktmp_ms;
END one;
```

6.4.2　时钟产生模块

数字钟的最终目的是在数码管上显示时、分、秒形式的时间，实现这一目的首先要产生时、分、秒数据，这一功能由时钟产生模块提供。

【例 6-10】　时钟产生程序。

```
LIBRARY IEEE;
USE IEEE.STD_LOGIC_1164.ALL;
USE IEEE.STD_LOGIC_UNSIGNED.ALL;

ENTITY clock    IS
    PORT(clk1s :IN STD_LOGIC;
        hh,hl,mh,ml,sh,sl :OUT STD_LOGIC_VECTOR(3 DOWNTO 0));
END clock;

ARCHITECTURE    a of clock IS
```

```vhdl
SIGNAL tmpSL,tmpSH: STD_LOGIC_VECTOR(3 DOWNTO 0);
SIGNAL tmpML,tmpMH: STD_LOGIC_VECTOR(3 DOWNTO 0);
SIGNAL tmpHL,tmpHH: STD_LOGIC_VECTOR(3 DOWNTO 0);
SIGNAL mco,hco:   STD_LOGIC:='0';
BEGIN
second:PROCESS(clk1s)
    BEGIN
    IF (clk1s'event AND clk1s='1') THEN
        IF (tmpSH="0101" AND tmpSL="1001")THEN
tmpSH<="0000";tmpSL<="0000"; mco<='1';
        ELSIF tmpSL="1001" THEN tmpSL<="0000";
tmpSH<=tmpsH+1; mco<='0';
        ELSE   tmpSL<=tmpSL+1;mco<='0';
        END IF;
        END IF;
    END PROCESS;


minute:PROCESS(mco)
    BEGIN
    IF (mco'event AND mco='1') THEN
        IF (tmpMH="0101" AND tmpML="1001")THEN tmpMH<="0000";
            tmpML<="0000"; hco<='1';
        ELSIF tmpML="1001" THEN tmpML<="0000";
            tmpMH<=tmpMH+1; hco<='0';
        ELSE   tmpML<=tmpML+1;hco<='0';
        END IF;
        END IF;
    END PROCESS;


hour:PROCESS(hco)
    BEGIN
    IF (hco'event AND hco='1') THEN
        IF (tmpHH="0010" AND tmpHL="0011")THEN tmpHH<="0000";tmpHL<="0000";
        ELSIF tmpHL="1001" THEN
            tmpHL<="0000"; tmpHH<=tmpHH+1;
        ELSE   tmpHL<=tmpHL+1;
        END IF;
    END IF;
    END PROCESS;
```

```
            sl<=tmpSL; sh<=tmpSH;

            ml<=tmpML; mh<=tmpMH;

            hl<=tmpHL; hh<=tmpHH;

        END a;
```

6.4.3　数码管显示驱动模块

本模块的任务是动态扫描 6 个数码管，并在人眼的视觉暂留时间内将时、分、秒 6 个数字都显示一遍。

【例 6-11】　数码管显示驱动程序。

```
        LIBRARY IEEE;

        USE IEEE.STD_LOGIC_1164.ALL;

        USE IEEE.STD_LOGIC_UNSIGNED.ALL;

        ENTITY seg_disp IS

         PORT(clk10ms:IN STD_LOGIC;

                seg_out:OUT STD_LOGIC_VECTOR(7 DOWNTO 0);

                seg_bit:OUT STD_LOGIC_VECTOR(5 DOWNTO 0);

                hh,hl,mh,ml,sl,sh:STD_LOGIC_VECTOR(3 DOWNTO 0));

        END seg_disp;

        ARCHITECTURE one of seg_disp IS

            SIGNAL OUT1:STD_LOGIC_VECTOR(3 DOWNTO 0);

            SIGNAL Q    :STD_LOGIC_VECTOR(2 DOWNTO 0);

            BEGIN


        PROCESS(clk10ms)

        BEGIN

          IF clk10ms'event AND clk10ms='1' THEN

                IF Q="101" THEN Q<="000";

                ELSE Q<=Q+1;

                END IF;

            END IF;

        END PROCESS;

         PROCESS(Q)

        BEGIN

          CASE Q IS

                WHEN "000"=>OUT1<=sl;seg_bit<="111110" ;

                WHEN "001"=>OUT1<=sh;seg_bit<="111101" ;

                WHEN "010"=>OUT1<=ml;seg_bit<="111011" ;

                WHEN "011"=>OUT1<=mh;seg_bit<="110111" ;
```

```
                WHEN "100"=>OUT1<=hl;seg_bit<="101111" ;
                WHEN "101"=>OUT1<=hh;seg_bit<="011111" ;
                WHEN others=> seg_bit<="111111";
            END CASE;
        END PROCESS;

        PROCESS(out1)
          BEGIN
            CASE out1 IS
                WHEN "0000"=>seg_out<="11111100";                --display 0;
                WHEN "0001"=>seg_out<="01100000";                --display 1;
                WHEN "0010"=>seg_out<="11011010";                --display 2;
                WHEN "0011"=>seg_out<="11110010";                --display 3;
                WHEN "0100"=>seg_out<="01100110";                --display 4;
                WHEN "0101"=>seg_out<="10110110";                --display 5;
                WHEN "0110"=>seg_out<="00111110";                --display 6;
                WHEN "0111"=>seg_out<="11100000";                --display 7;
                WHEN "1000"=>seg_out<="11111110";                --display 8;
                WHEN "1001"=>seg_out<="11110110";                --display 9;
                WHEN others=>seg_out<="00000000";
            END CASE ;
        END PROCESS;
    END one;
```

6.4.4　数字钟的硬件验证

将例 6-9、例 6-10、例 6-11 分别编译综合并产生相应的符号后，按图 6-13 建立顶层原理图，经过编译综合无误并产生下载文件后，通过在系统编程下载入电路板进行硬件验证，按照以下步骤进行：

(1) 确定管脚对应关系。输入信号 clk10 MHz 与 CPLD 芯片的全局时钟引脚 GCLK0 对应，该引脚输入的外部时钟为 10 MHz；输出信号 seg_out7~0 与电路板上六个 8 段数码管的 8 个输入引脚 a~h 一一对应；用于动态选择数码管的位选信号 seg_bit5~0 分别与六个 8 段数码管的共阴极一一对应。

(2) 由 Quartus Ⅱ进行管脚分配。clk10 MHz 在 MAX Ⅱ芯片上对应的管脚号为 12；seg_out7~0 在 MAX Ⅱ芯片上对应的管脚号依次为 1~8；seg_bit5~0 在 MAX Ⅱ芯片上对应的管脚号依次为 20~15。

(3) 电平定义。与本书配套的数码管为共阴极数码管，各段 LED 的阴极连接在一起，而各段 LED 阳极分别命名为 a~h，这些引脚输入为高电平时，相应的 LED 段亮。

(4) 观察验证。电源接通后，可以在六个 8 段共阴极数码管上看到时钟的计时效果。

6.5　LCD 接口控制电路

上节所介绍的数码管只能显示数字与简单的字母,而且每个数码管只能显示一个内容,当需要显示大量字符、汉字甚至图形时,通常选择 LCD(Liquid Crystal Display,LCD)作为显示设备。LCD 作为一种功耗低、体积小、使用方便的显示设备,广泛应用于各个领域。

LCD 显示器一般可以分为图形 LCD 与字符 LCD。图形 LCD 可以显示图形,字符 LCD 只能显示字符和简单的图形,但是字符 LCD 的面积比图形 LCD 小,而且控制相对简单,成本较低,在显示内容要求不高的场合是首选。

目前市场上的主流字符 LCD 均基于液晶控制模块 HD44780LCM。HD44780LCM 是一款典型的 16 字×2 行的字符 LCM,它具有控制简单、功能较强的指令系统,可实现字符的移动、闪烁等功能。本节主要介绍 HD44780LCM 与 FPGA 芯片接口的 VHDL 编程控制方法。

6.5.1　1602 字符 LCM 的内部存储器

1602 LCM 内置了 192 个 5×7 的常用字符,存放在字符产生器 CGROM(Character Generator ROM)中,字符与字符代码的对应关系与标准的 ASCII 码相同,例如字符 A 的字符代码为 41H。此外,LCM 还为用户提供了用于存放自定义字符的 512 位的字符产生器 CGRAM(Character Generator RAM)。

LCD 内部提供了一个显示缓存 DDRAM(Display Data RAM),用于存放被显示的字符代码。LCM 的指令系统要求在发送被显示字符代码的指令之前,先要指定字符的显示位置,即先要发送 DDRAM 的地址。1602 字符 DDRAM 地址与显示位置的对应关系如表 6-4 所示。

表 6-4　1602 字符 LCM 内部 DDRAM 地址与显示位置对应表

1	2	3	4	5	6	7	8	9	10	11	12	13	14	15	16
00	01	02	03	04	05	06	07	08	09	0A	0B	0C	0D	0E	0F
40	41	42	43	44	45	46	47	48	49	4A	4B	4C	4D	4E	4F

表中的第一行数字表示 LCD 水平的 16 个显示位置,第二行与第三行的数据是每个显示位置在 DDRAM 中的地址。

举例说明,如果要在第二行第九列显示字符"A",应先指定第二行第九列对应的DDRAM 的地址 48H,再往 DDRAM 中写入"A"的字符代码 41H 即可。

6.5.2　1602 字符 LCM 的引脚

1602 字符 LCM 与 FPGA 连接的引脚有 16 个,除了 5 个电源或接地引脚外,其他引脚需要由 VHDL 编程,由 FPGA 进行控制,这些引脚的功能叙述如下:

● 4 脚 RS(Register Select)——寄存器选择端,高电平时选择数据寄存器 DR(Data Register),低电平时选择指令寄存器 IR(Instruction Register)。DR 用于存放写到 DDRAM 的

字符代码，IR 用于存放发给 LCM 的控制命令代码。

- 5 脚 R/W(Read/Write)—读写控制端，高电平时读取，低电平时写入。
- 6 脚 EN(Enable)—使能信号，高电平时允许对 LCM 进行读写，低电平时不允许读写。
- 7 脚～14 脚—DB0～DB7 是 8 位双向数据总线。

LCM 进行某项操作时需要以上这些引脚配合工作。举例来说，当需要把某条指令送往 IR 时，必须首先设置 RS=0 以选择 IR，设置 R/W=0 选择写入，设置 EN=1 允许读写，之后才能将 DB0～DB7 的数据作为指令代码写入 IR。

6.5.3　1602 LCM 指令系统

1602 LCM 的控制指令共有 11 条，其中 9 条指令送往指令寄存器 IR 后方能生效，另两条指令分别用于读、写 CGRAM 与 DDRAM。控制命令必须写入 IR，因此要求 EN=1，RS=0，R/W=0。本节简要介绍这些指令，介绍过程中所说的指令编码是指写往 DB7～DB0 的二进制代码，编码中出现的 X 表示取值任意。当需要对数据寄存器进行读或写时，只要 RS=1，EN=1，则读 DR 时置 R/W=1，写 DR 时置 R/W=0，有关数据就出现在 DB7～DB0。

需要提醒读者，本节介绍过程中未指出每条指令的执行时间，这是因为不同厂家生产的 LCM 执行时间不完全相同，读者使用时需要查询所选 LCM 的产品说明。由于 FPGA 的运行速度很高，使用 FPGA 与 LCM 接口，尤其需要注意保证每条指令有足够的执行时间。用 HDL 编程时，往往需要通过计数循环实现一段时间的延时来提供每条指令的执行时间。

1602 字符型 LCM 写往指令寄存器 IR 的 9 条控制命令介绍如下。

(1) 清屏指令：指令编码 00000001，功能包括：将 DDRAM 的内容全部填入"空白"的 ASCII 码 20H，从而清除液晶显示器；将光标移到液晶显示屏的左上方；将地址计数器 (AC) 的值设为 0。目前大多数 1602 LCM 中该指令的执行时间都在 1.5 ms 以上。

(2) 光标归位指令：指令编码 0000001X，功能包括：将光标移到液晶显示屏的左上方；将地址计数器 (AC) 的值设为 0；光标移位过程中 DDRAM 的内容不变。目前大多数 1602 LCM 中该指令的执行时间都在 1.5 ms 以上。

(3) 模式设置指令：指令编码 000001(I/D)S，功能包括：设定字符进入时光标的移动方向；设定字符是否移动或移动方向。其中的 I/D=0 表示新数据写入后光标左移，反之右移；S=0 表示写入新数据后显示屏不移动，反之表示显示屏移动一个字，移动方向由 I/D 决定。

(4) 显示器开关控制指令：指令编码 00001DCB，功能包括：当 D=0 时打开显示器，反之关闭(注意显示器关闭时显示数据仍存放于 DDRAM)；C=0 时显示屏不显示光标，反之显示光标；B=0 时光标不闪烁，反之光标出现时闪烁。

(5) 显示光标移位指令：指令编码 0001(S/C)(R/L)XX，功能包括：S/C=0，移动光标，反之移动字符；R/L=0 左移一格，反之右移一格。

(6) 功能设置指令：指令编码 001(DL)NFXX，功能包括：DL=1，每次传送 8 位数据，反之，每次传送 4 位数据，此时一个字符的编码需传送两次；N=0 显示 1 行，反之显示 2 行；F=0 表示每字符为 5×7 点阵，反之为 5×10 点阵。注意并非所有的 LCM 都能提供 5×10 点阵字形。

(7) 设置 CGRAM 地址指令：指令编码 01XXXXXX，其中低 6 位为下一个要读写的 CGRAM 的地址值。

(8) 设置 DDRAM 地址指令：指令编码 1XXXXXXX，其中低 7 位为下一个要读写的 DDRAM 的地址值。

(9) 读取忙碌标志 BF 与 AC 地址指令：指令编码(BF)XXXXXXX，其中 BF 标示位表示忙碌信号，当 BF=0 时表示 LCM 可以接收 FPGA 送达的数据或指令；低 7 位为地址计数器的内容，表示 CGRAM 或 DDRAM 的地址。

6.5.4 1602 LCM 控制过程

图 6-15 是 FPGA 与 LCM 的接口示意图。图中显示 FPGA 必须在需要的时候控制 LCM 的 R/S、EN、R/W 引脚为指定电平，LCM 的数据总线 DB0～DB7 与 FPGA 的 8 个引脚相连，用于写入或读出数据。

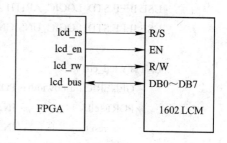

图 6-15 FPGA 与 LCM 接口示意图

使用 VHDL 编程控制 1602 LCM 的运行，一般使用状态机法，即将 1602 LCM 的工作过程分解为若干个状态，每一状态发送某一控制指令给指令寄存器 IR 以实现指定的显示效果。一般来说，可以按照图 6-16 所示的流程对 LCM 进行控制。本节将以在 16×2 LCD 的显示屏上显示"HELLO WORLD!"为例，介绍基于状态机的 LCM 接口控制方法。

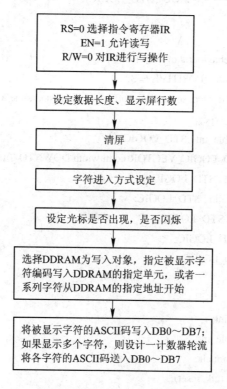

图 6-16 1602 LCM 控制流程

为了将图 6-16 所示的控制步骤用 VHDL 语言的状态机法实现，首先需要自定义一个枚举数据类型，该类型的各枚举值分别表示 LCM 控制过程的各步骤。例 6-12 给出了这种自定义数据类型的语句：

type state_type IS (startlcd, setfunc, dispoff, clear, setmode, home, row2, write2);

这个自定义数据类型中定义的状态取值与图 6-15 各步骤一一对应。例 6-12 的功能即为在 LCD 的第二行显示"HELLO WORLD！"。

【例 6-12】 1602 LCM 控制显示程序。

```
LIBRARY IEEE;
USE IEEE.STD_LOGIC_1164.ALL;
USE IEEE.STD_LOGIC_ARITH.ALL;
USE IEEE.STD_LOGIC_UNSIGNED.ALL;

ENTITY lcd_ctrl IS
    GENERIC ( asciiwidth：POSITIVE := 8);
    PORT (clk          : IN STD_LOGIC;
        reset          : IN STD_LOGIC;
        lcd_bus        : OUT STD_LOGIC_VECTOR(asciiwidth-1 DOWNTO 0);
        led_select     : OUT STD_LOGIC;
        lcd_rw         : OUT STD_LOGIC;
        lcd_en         : OUT STD_LOGIC);
END lcd_ctrl;

ARCHITECTURE behavioural of lcd_ctrl IS
CONSTANT countwidth :POSITIVE := 3;
TYPE state_type IS (startlcd, setfunc, dispoff, clear, setmode, home, idle, write);
SIGNAL state : state_type;
SIGNAL rw_int, enable_int : STD_LOGIC;
SIGNAL count : STD_LOGIC_VECTOR(countwidth DOWNTO 0);
SIGNAL write_mode : STD_LOGIC;
SIGNAL last_data_valid : STD_LOGIC;
SIGNAL lcd_select : STD_LOGIC;
SIGNAL write2 : STD_LOGIC;
SIGNAL row2 : STD_LOGIC;

BEGIN
    lcd_rw <= rw_int;
    lcd_en <= enable_int;
    enable_int <= not clk;
state_set: PROCESS (clk, reset)
        BEGIN
```

```
IF reset = '0' THEN
        count <= (others => '0');
        write_mode <= '1';
        state <=startlcd;

ELSIF (clk' EVENT AND clk = '1') THEN
        CASE state IS
                WHEN startlcd =>
                        lcd_select <= '0';                      --写指令
                        rw_int <= '0';
                        lcd_bus <= "00000000";
                         IF count = "0111" THEN
                                count <= (others => '0');
                                state <= setfunc;
                        ELSE
                                count <= count + '1';
                                state <= startlcd;
                        END IF;

                WHEN setfunc =>
                        lcd_bus <= "00111000";                  --每次传送 8 位，显示 2 行
                        IF count = "1111" THEN
                                state <= dispoff;
                        ELSE
                                count <= count + '1';
                                state <= setfunc;
                        END IF;

                WHEN dispoff =>
                        lcd_bus <= "00001000";
                        count <= (others => '0');
                        state <= clear;

                WHEN clear =>
                        lcd_bus <= "00000001";                  -- clear display
                        IF count = "0101" THEN
                                state <= setmode;
                        ELSE
                                count <= count + '1';
                                state <= clear;
```

```
                                END IF;
                          WHEN setmode =>
                             lcd_bus <= "00000110";
                             count <= (others => '0');
                             state <= home;


                          WHEN home =>
                             lcd_bus <= "00001100";
                             IF count = "0100" THEN


                                    count <= (others => '0');
                                   state <= row2;
                                END IF;
                             ELSE
                                count <= count + '1';
                                state <= home;
                             END IF;
                          WHEN row2 =>
                             lcd_select <= '0';
                             lcd_date<="11000000";            --从第二行开始显示
                             IF count = "1111" THEN
                                lcd_date <="00100000";
                                count <=(others => '0');
                                state <= write2;
                                lcd_select <= '1';
                             ELSE
                                count <= count + '1';          --写 DDRAM
                                state <= row2;
                             END IF;
                          WHEN write2=>
                       CASE count IS
            WHEN "0000" =>
            lcd_bus <= "00100000";   -- ' '
            WHEN "0001" =>
            lcd_bus <= "00100000";   -- ' '
            WHEN "0010" =>
            lcd_bus <= "01110100";   -- 'H'
            WHEN "0011" =>
            lcd_bus <= "01100101";   -- 'E'
            WHEN "0100" =>
```

```
                lcd_bus <= "01110011";    -- 'L'
            WHEN "0101" =>
                lcd_bus <= "01110100";    -- 'L'
            WHEN "0110" =>
                lcd_bus <= "01101001";    -- 'O'
            WHEN "0111" =>
                lcd_bus <= "01101110";    -- ' '
            WHEN "1000" =>
                lcd_bus <= "01100111";    -- 'W'
            WHEN "1001" =>
                lcd_bus <= "00100000";    -- 'O '
            WHEN "1010" =>
                lcd_bus <= "01101110";    -- 'R'
            WHEN "1011" =>
                lcd_bus <= "01101111";    -- 'L'
            WHEN "1100" =>
                lcd_bus <= "01110111";    -- 'D'
            WHEN "1101" =>
                lcd_bus <= "00100001";    -- '!'
            WHEN "1110" =>
                lcd_bus <= "00100000";    -- ' '
            WHEN "1111" =>
                lcd_bus <= "00100000";    -- ' '
            WHEN OTHERS =>
                lcd_bus <= "00100000";    -- ' '
            END CASE;

                            lcd_select <= '1';
                            count <= count + '1';
                            state <= write2;
                        END CASE;
                    END IF;
                END PROCESS;
            END behavioural;
```

6.5.5 1602 显示的硬件验证

将例 6-12 经过编译综合无误并产生下载文件后，通过在系统编程下载至与本书配套的电路板进行硬件验证，按照以下步骤进行：

(1) 确定管脚对应关系。输入信号 clk 与 CPLD 芯片的全局时钟引脚 GCLK0 对应，该引脚输入的外部时钟为 10 MHz；输出信号 lcd_bus7～0 与 LCM 的 8 个输入数据引脚 DB7～DB0 一一对应；用于选择寄存器的信号 lcd_rs 与 LCM 的 RS 引脚对应；使能信号 lcd_en 与 LCM

的 EN 引脚对应；lcd_rw 与 LCM 的读写引脚 RW 对应；复位信号 reset 与复位按键 S1 对应。

(2) 由 Quartus Ⅱ 进行管脚分配。clk 在 MAX Ⅱ 芯片上对应的管脚号为 12；lcd_bus7~0 在 MAX Ⅱ 芯片上对应的管脚号为 68~75；lcd_rs 在 MAX Ⅱ 芯片上对应的管脚号为 78；lcd_en 在 MAX Ⅱ 芯片上对应的管脚号为 76；lcd_rw 在 MAX Ⅱ 芯片上对应的管脚号为 77；reset 在 MAX Ⅱ 芯片上对应的管脚号为 21。

(3) 电平定义。按键按下时表示产生低电平，松开时表示产生高电平。

(4) 观察验证。电源接通后，可以在 LCD 屏幕上看到"HELLO WORLD！"。

6.6 串 口 通 信

串口即串行数据接口，串口按位(bit)发送和接收字节。由于串口长期使用 RS-232C 标准进行数据传输，所以有些场合也将串口称为 RS-232C 接口。

标准的 RS-232C 接口协议规定了 25 根信号线，对应的串口接插件称为 DB25。但一般使用其中的 9 根线足可完成串口通信，与此对应的串口接插件称为 DB9。如果串口通信双方始终处于就绪状态下准备收发数据，则可以采用最简单而实用的方法——三线连接法，即将地线、发送数据线、接收数据线分别对应相连。

EDA 系统中，通常 CPLD 或 FPGA 芯片的数据运算能力相对 CPU 而言较弱，因此当数据需要作复杂的运算处理时，经常需要将数据传送给 PC 机或其他 CPU 进行处理。由于 PC 机一般都具备串行口 COM1 或 COM2，因此通过串行口实现 CPLD 或 FPGA 与 PC 机之间通信就成为较常见的选择。本节将介绍使用 VHDL 程序实现串口通信的方法。

使用 VHDL 编程按照 RS-232C 标准实现串口通信，需要设计波特率发生器、数据发送器、数据接收器三个部分，将这三个部分在顶层文件中相互连接为一个整体后下载入本书配套的 CPLD 电路板，再将 CPLD 电路板和 PC 连接起来通过软件"串口调试助手"即可测试数据的发送和接收。

6.6.1 异步串口数据传送格式

异步串口数据传送格式的指标主要是波特率、起始位、数据位、停止位和奇偶校验位。对于两个相互通信的端口，这些指标必须匹配。

波特率是串口最重要的指标，用来衡量数据传送速率，它表示每秒钟传送的二进制代码的个数，单位是位/秒(b/s)。例如 1200 波特表示每秒钟发送 1200 bit。

RS-232C 串口在没有数据传送时始终保持为逻辑"1"状态，当发送方准备发送数据时，首先发出一个逻辑"0"，这个低电平就是起始位。接收方收到起始位后，就开始准备接收数据。起始位在异步串口通信过程中起到同步的作用。

数据位是实际传送的信息数据。实际的数据位位数可以是 5、6、7 和 8 位。根据实际传送的内容可以进行数据位的设置，如传送标准的 ASCII 码时，可以选择 7 位，而传送扩展的 ASCII 码时可以设置为 8 位。

设置奇偶校验位是串口通信中一种简单的检错方式。奇校验是指接收方收到数据位与检验位中"1"的个数始终保持为奇数，而偶检验是指接收方收到数据位与检验位中'1'的个数始终保持为偶数。通信双方必须事先约定奇偶检验方式。

停止位在检验位之后发送，停止位表示一个数据的传送结束，可以是 1、1.5 或 2 位高电平。接收方收到停止位后，通信线路上便恢复为高电平，一直等到起始位来开始下一个数据的传送。此外，由于通信双方设备间可能会出现细微的不同步，因此停止位更重要的作用是校正收发双方的同步，往往停止位的位数越多，不同时钟同步的容忍程度越大，但是数据传输率同时也越慢。

6.6.2　用 VHDL 描述 RS-232C 串口

【例 6-13】　RS-232C 串口的 VHDL 程序。

```
LIBRARY IEEE;
    USE IEEE.STD_LOGIC_1164.ALL;
    USE IEEE.STD_LOGIC_ARITH.ALL;
    USE IEEE.STD_LOGIC_UNSIGNED.ALL;

    ENTITY uart IS
        GENERIC(d_len:INTEGER:=8);
        PORT (
        f10MHz:IN STD_LOGIC;              --系统时钟
            reset:IN STD_LOGIC;           --复位信号
             rxd:IN STD_LOGIC;            --串行接收
             txd:OUT STD_LOGIC            --串行发送
        );
    END uart;

    ARCHITECTURE behav of uart IS
    TYPE t_st IS(t_start,t_shift);
    SIGNAL t_state:t_st;
    TYPE r_st IS (r_start,r_shift);
    SIGNAL r_state: r_st;
    SIGNAL data:STD_LOGIC_VECTOR(7 DOWNTO 0);
    SIGNAL baud_rate:STD_LOGIC;
    SIGNAL rxds:STD_LOGIC;

    BEGIN
    rxds<=rxd;
    PROCESS(f10MHz,reset)                 --设置波特率发生器
    VARIABLE clk1200Hz: STD_LOGIC;
    VARIABLE count:INTEGER RANGE 0 TO 8332;
```

```
        BEGIN
            IF reset='0' THEN
                    count:=0;
                    clk1200hz:='0';
            ELSIF f10MHz'EVENT AND f10MHz='1' THEN
                IF count=4165 THEN
                    count:=0;    clk1200Hz:= NOT clk1200Hz;
                ELSE
                    count:=count+1;
                END IF;
            END IF;
                baud_rate<=clk1200Hz;
        END PROCESS;
        --数据发送部分
        PROCESS(baud_rate,reset,data)
        VARIABLE t_no:INTEGER RANGE 0 TO 8;        --发送的数据各位的位序号
        VARIABLE txds:STD_LOGIC;
        VARIABLE dtmp:STD_LOGIC_VECTOR(7 DOWNTO 0);
        BEGIN
            IF reset='0' THEN
                    t_state<=t_start;
                    txds:='1';
                    t_no:=0;


            ELSIF baud_rate'event AND baud_rate='1' THEN
                CASE t_state IS
                WHEN t_start=>
                            dtmp:=data;
                        txds:='0';                    --发送开始
                        t_state<=t_shift;


                WHEN t_shift=>   IF t_no=d_len THEN
                            txds:='1';                --发送结束
                            t_no:=0;
                            t_state<=t_start;


                                ELSE
                            txds:=dtmp(t_no);        --发送一字节数据
                                t_no:=t_no+1;
```

```
                                    END IF;
            WHEN others=>t_state<=t_start;
            END   CASE;
        END IF;
    txd<=txds;
END PROCESS;
 --数据接收部分
PROCESS(baud_rate,reset,rxds)
VARIABLE r_no:INTEGER RANGE 0 TO 8;              --接收的数据各位的位序号
BEGIN
    IF reset='0' THEN
            r_state<=r_start;
            data<="00000000";
        ELSIF baud_rate'event AND baud_rate='1' THEN
            CASE r_state IS
            WHEN r_start=>
                        IF rxds='0' THEN
                                r_state<=r_shift; r_no:=0;
                        ELSE
                                r_state<=r_start; r_no:=0;
                        END IF;

            WHEN r_shift=>
                        data(r_no)<=rxds;
                        r_no:=r_no+1;
                        IF r_no=d_len-1 THEN
                                r_no:=0;
                                r_state<=r_start;
                          END IF;

            WHEN others=>   r_state<=r_start;
            END CASE;
        END IF;
    END PROCESS;
    END behav;
```

6.6.3　串口通信的 VHDL 程序仿真结果

　　串口通信的仿真结果如图 6-17 所示。从图中可以看出，每发送完一个字节，即 8 位数据后，线路上将输出一个高电平，之后又开始传送下一个字节。同样，仿真波形显示，有效数据到达接收管脚 rxd 之前，线路上保持为高电平，直到收到一个低电平起始位，将该起始位后的 8 位数据串行接收后依次送到保存接收结果的信号 data 的各位。

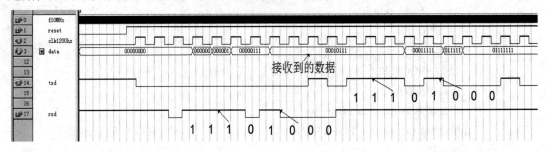

图 6-17   串口通信仿真波形图

6.6.4   串口通信的硬件验证

将程序通过在系统编程下载至本书配套的 CPLD 电路板进行硬件验证，按照以下步骤进行：

(1) 确定管脚对应关系。串行接收管脚 rxd 与 MAX232 的 12 脚 R1OUT 对应；串行发送管脚 txd 与 MAX232 的 11 脚 T1IN 对应；复位信号 reset 与按键 S1 对应。

(2) 由 Quartus II 进行管脚分配。f10 MHz 在 MAX II 芯片上对应的管脚号为 12；S1 在 MAX II 芯片上对应的管脚号为 21；rxd 在 MAX II 芯片上对应的管脚号为 89；txd 在 MAX II 芯片上对应的管脚号为 90。

(3) 电平定义。按键 S1 按下时表示输入信号为低电平。

(4) 输入验证。应用串口调试助手进行验证，在图 6-18 所示的发送窗口随机输入需要发送的字符，可以发现由 PC 机发给 CPLD 的字符被 CPLD 传送回来并在接收窗口显示出来。

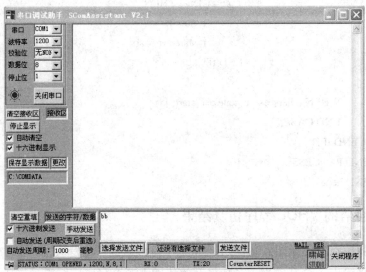

图 6-18   串口调试器界面

通过以上步骤进行硬件验证，证明该程序能够实现串口通信的逻辑功能。

6.7　2FSK 信号产生器

本节用 VHDL 描述了一种 2FSK 信号产生器，利用 FPGA 或 CPLD 产生波形所需的数据，再通过片上 D/A 器件可观察到 2FSK 的输出波形。

6.7.1　FSK 基本原理

在通信领域，为了传送信息，一般都将原始的信号进行某种变换变成适于传输的信号形式。在数字通信系统中一般将原始信号(图像、声音等)经过量化编码变成二进制码流，称为基带信号，但数字基带信号一般不适合于直接传输。例如，通过公共电话网络传输数字信号时，由于电话网络的带宽为 4 kHz 以下，而数字信号频带很宽，因此它不能直接在其上传输。此时可将数字信号进行调制，变成模拟信号。FSK 即为一种常用的数字调制方式，其波形如图 6-19 所示。

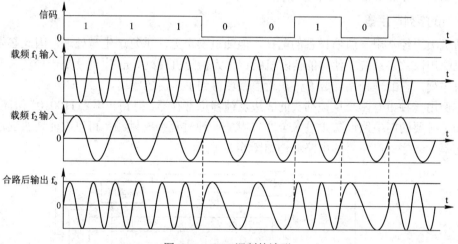

图 6-19　FSK 调制的波形

FSK 又称移频键控，它利用载频频率的变化来传递数字信息。数字调频信号可以分为相位离散和相位连续两种。若两个载频由不同的独立振荡器提供，它们之间的相位互不相关，就称其为相位离散的数字调频信号；若两个频率由同一振荡信号源提供，只是对其中一个载频进行分频，这样产生的两个载频就是相位连续的数字调频信号。

6.7.2　2FSK 信号产生器

2FSK 是数字通信常用的调制方式。FPGA 与 CPLD 均是典型的数字器件，使用 VHDL 编程能准确地描述 2FSK 的调制过程，可靠地实现 2FSK。本例由 FPGA 或 CPLD 产生正弦信号的采样值，通过时钟的变化控制输出正弦信号频率的变化，以伪随机序列作为被调制信号进行实验观察。2FSK 调制信号发生器框图如图 6-20 所示，整个系统共分为分频器、

m 序列产生器、跳变检测、2 选 1 数据选择器、正弦信号产生器和 DAC 模数变换器等六部分，其中前五部分由 FPGA 或 CPLD 器件完成。

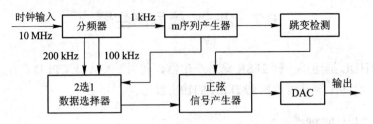

图 6-20　2FSK 调制信号发生器框图

1．分频器

本实例中数据速率为 1 kHz，要求产生 1 kHz 和 2 kHz 的两个正弦信号。对正弦信号每周期取 100 个采样点，因此要求能产生三个时钟信号：1 kHz(数据速率)、100 kHz(产生 1 kHz 正弦信号的输入时钟)和 200 kHz(产生 2 kHz 正弦信号的输入时钟)。基准时钟由一个 10 MHz 的晶振提供。设计中要求有 50 分频(产生 200 kHz 信号)，再 2 分频(产生 100 kHz 信号)和 100 分频(产生 1 kHz 信号)三个分频值。

2．m 序列产生器

随机噪声经常用于通信设备的测试，但随机噪声无法重复产生与处理，因此必须采用伪随机噪声。数字系统中使用的伪随机噪声称为伪随机序列。m 序列就是一种较为典型的伪随机序列，它的理论相当成熟，在通信领域得到了广泛的应用。

本例用一种带有两个反馈抽头的 3 级反馈移位寄存器，得到一串"1110010"循环序列，并增加了必要的门电路以防止进入全"0"状态。通过更换时钟频率可以方便地改变输出码元的速率。m 序列产生器的电路结构如图 6-21 所示。

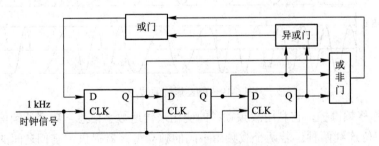

图 6-21　"1110010"伪随机 m 序列产生器

3．跳变检测

将跳变检测引入正弦波的产生中，可以使每次基带码元的上升沿或下降沿到来时，对应输出波形位于正弦波形的 sin0 处。此电路的设计主要是便于观察，确保示波器上显示为一个连续的波形。

基带信号的跳变检测方法有很多，图 6-22 为一种便于在可编程逻辑器件中实现的方案。将该方案用 VHDL 语言描述出来的方法很简单，只需在时钟有效边沿到达时将基带码 code 赋值给一个内部信号 temp，同时将 code 与 temp 作异或操作，即可在基带信号发生跳变时使检测电路输出一个高电平，而当基带信号保持为"1"或"0"时跳变检测电路输出保持为低电平。

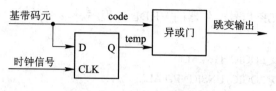

图 6-22　信号跳变检测电路

4．2 选 1 数据选择器

2 选 1 数据选择器的两个输入信号分别是频率为 100 kHz 与 200 kHz 的时钟信号。

数据选择器的输出信号取这两种时钟中的某一个时钟，并送往正弦波产生器控制正弦波数据的输出。由于本节设计的正弦波一个周期给出了 100 个采样点，即显示一个正弦波周期需要连续 100 个输入时钟，所以，当输入的时钟为 100 kHz 时，正弦波产生器输出 1 kHz 的正弦信号；当输入的时钟为 200 kHz 时，正弦波产生器输出 2 kHz 的正弦信号。

数据选择器的选择信号由 m 序列产生器产生的 m 序列二进制代码提供。当 m 序列输出"1"时，选择 200 kHz 的时钟送往正弦波产生器，反之选择 100 kHz 的时钟送往正弦波产生器。

5．正弦信号的产生

由于正弦波形式简单，便于产生与接收，所以大多数数字通信系统都选择正弦信号作为载波。本实例的受调载波即采用正弦信号。

用数字电路和 DAC 变换器可以产生要求的模拟信号。根据抽样定理可知，当用模拟信号最大频率两倍以上的速率对该模拟信号采样时，便可将原模拟信号不失真地恢复出来。本例要求得到的是两个不同频率的正弦信号，实验中对正弦波每个周期采样 100 个点，即采样速率为原正弦信号频率的 100 倍，因此完全可以在接收端将原正弦信号不失真地恢复出来，从而可以在接收端对 FSK 信号正确地解调。经 D/A 转换后，可以在示波器上观察到比较理想的波形。

本实验中每个采样点采用 8 位量化编码，即 8 位分辨率。采样点的个数与分辨率的大小主要取决于 CPLD/FPGA 器件的容量，其中分辨率的高低还与 DAC 的位数有关。实验表明，采用 8 位分辨率和每周期 100 个采样点可以满足一般的实验要求。

具体的正弦信号产生器可以用状态机来实现。按前面的设计思路，本实现方案共需 100 个状态，每个状态输出一个正弦周期中某个时刻的正弦值。状态机共有 8 位输出(DACdata7 至 DACdata0)，经 DAC 变换为模拟信号输出。为得到一个纯正弦波形，应在 DAC 的输出端加上一个低通滤波器，由于本例仅观察 FSK 信号，因此省去了低通滤波器。

本设计中，数字基带信号与 FSK 调制信号的对应关系为："0"对应 1 kHz，"1"对应 2 kHz。此二载波的频率可以方便地通过软件修改。

2FSK 信号产生器的外部接口见图 6-23。

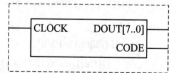

图 6-23　2FSK 信号产生器外部接口

6.7.3　2FSK 信号产生器的 VHDL 描述

【例 6-14】　2FSK 信号产生器的 VHDL 源程序。

```vhdl
LIBRARY IEEE;
USE IEEE.STD_LOGIC_1164.ALL;
USE IEEE.STD_LOGIC_UNSIGNED.ALL;

ENTITY fsk IS
PORT(f10MHz:IN STD_LOGIC;                              --电路板原始时钟
    DACdata:OUT STD_LOGIC_VECTOR(7 DOWNTO 0);          --并行数据 DATA
    mcode:out STD_LOGIC                                --输出 m 序列
    );
END fsk;

ARCHITECTURE fsk_arch of fsk IS
SIGNAL count100:STD_LOGIC_VECTOR (6 DOWNTO 0);         --记录 100 个状态
SIGNAL count50,cnt50:STD_LOGIC_VECTOR (5 DOWNTO 0);
SIGNAL f200KHz,f100KHz:STD_LOGIC;
SIGNAL sinclk,coderate:STD_LOGIC;
SIGNAL temp,jump_high:STD_LOGIC;
SIGNAL m:STD_LOGIC_VECTOR(2 DOWNTO 0);                 --m 序列

BEGIN
PROCESS(f10MHz)
BEGIN
    IF f10MHz'EVENT AND f10MHz='1' THEN
        IF cnt50="011000" THEN f200kHz<=NOT f200kHz;
                        cnt50<="000000";
        ELSE cnt50<=cnt50+1;
        END IF;
    END IF;
END PROCESS;

PROCESS(f200kHz)
BEGIN
    IF(f200kHz'EVENT AND f200kHz='1') THEN
        f100kHz<=NOT f100kHz;
    END IF;
END PROCESS;
```

```
    PROCESS(f100kHz)
  BEGIN
    IF(f100kHz'EVENT AND f100kHz='1') THEN
       IF(count50="110001") THEN
          count50<="000000";
          coderate<=not coderate;
       ELSE count50<= count50+'1';
       END IF;
    END IF;
  END PROCESS;


  m_sequence_form:                      --产生 "1110010" m 序列
  PROCESS(coderate)
  BEGIN
    IF(coderate'EVENT AND coderate='1') THEN
       m(0)<=m(1);
       m(1)<=m(2);
    END IF;
  END PROCESS;


  PROCESS(coderate)
  BEGIN
    IF(coderate'EVENT AND coderate='1') THEN
       m(2)<=(m(1) XOR m(0)) OR (NOT (m(0) OR m(1) OR m(2)));
    END IF;
  END PROCESS;


mcode<=m(0);


PROCESS(f100kHz,f200kHz,m(0))
BEGIN
  IF(m(0)='0') THEN sinclk<=f100kHz;
  ELSE sinclk<=f200kHz;               --选择正弦波产生器的时钟频率
  END IF;
END PROCESS;


jump_high<=temp XOR m(0);             --0 到 1 跳变


PROCESS(sinclk)                       --2FSK 跳变的不同处理
BEGIN
```

```
    IF(sinclk'EVENT AND sinclk='1') THEN
        temp<=m(0);
        IF((count100="1100011") or (jump_high='1'))
          THEN count100<="0000000";
        ELSE count100<=count100+'1';
        END IF;
      END IF;
    END PROCESS;

    PROCESS(count100)                          --产生正弦周期波形的一个周期内的 100 个样点值
    BEGIN
      CASE count100 IS
        WHEN "0000000" =>DACdata<= "01111111";
        WHEN "0000001" =>DACdata<= "10000111";
        WHEN "0000010" =>DACdata<= "10001111";
        WHEN "0000011" =>DACdata<= "10010111";
        WHEN "0000100" =>DACdata<= "10011111";
        WHEN "0000101" =>DACdata<= "10100110";
        WHEN "0000110" =>DACdata<= "10101110";
        WHEN "0000111" =>DACdata<= "10110101";
        WHEN "0001000" =>DACdata<= "10111100";
        WHEN "0001001" =>DACdata<= "11000011";
        WHEN "0001010" =>DACdata<= "11001010";
        WHEN "0001011" =>DACdata<= "11010000";
        WHEN "0001100" =>DACdata<= "11010110";
        WHEN "0001101" =>DACdata<= "11011100";
        WHEN "0001110" =>DACdata<= "11100001";
        WHEN "0001111" =>DACdata<= "11100110";
        WHEN "0010000" =>DACdata<= "11101011";
        WHEN "0010001" =>DACdata<= "11101111";
        WHEN "0010010" =>DACdata<= "11110010";
        WHEN "0010011" =>DACdata<= "11110110";
        WHEN "0010100" =>DACdata<= "11111000";
        WHEN "0010101" =>DACdata<= "11111010";
        WHEN "0010110" =>DACdata<= "11111100";
        WHEN "0010111" =>DACdata<= "11111101";
        WHEN "0011000" =>DACdata<= "11111110";
        WHEN "0011001" =>DACdata<= "11111111";
        WHEN "0011010" =>DACdata<= "11111110";
        WHEN "0011011" =>DACdata<= "11111101";
```

```
WHEN "0011100" =>DACdata<= "11111100";
WHEN "0011101" =>DACdata<= "11111010";
WHEN "0011110" =>DACdata<= "11111000";
WHEN "0011111" =>DACdata<= "11110110";
WHEN "0100000" =>DACdata<= "11110010";
WHEN "0100001" =>DACdata<= "11101111";
WHEN "0100010" =>DACdata<= "11101011";
WHEN "0100011" =>DACdata<= "11100110";
WHEN "0100100" =>DACdata<= "11100001";
WHEN "0100101" =>DACdata<= "11011100";
WHEN "0100110" =>DACdata<= "11010110";
WHEN "0100111" =>DACdata<= "11010000";
WHEN "0101000" =>DACdata<= "11001010";
WHEN "0101001" =>DACdata<= "11000011";
WHEN "0101010" =>DACdata<= "10111100";
WHEN "0101011" =>DACdata<= "10110101";
WHEN "0101100" =>DACdata<= "10101110";
WHEN "0101101" =>DACdata<= "10100110";
WHEN "0101110" =>DACdata<= "10011111";
WHEN "0101111" =>DACdata<= "10010111";
WHEN "0110000" =>DACdata<= "10001111";
WHEN "0110001" =>DACdata<= "10000111";
WHEN "0110010" =>DACdata<= "01111111";
WHEN "0110011" =>DACdata<= "01110111";
WHEN "0110100" =>DACdata<= "01101111";
WHEN "0110101" =>DACdata<= "01100111";
WHEN "0110110" =>DACdata<= "01011111";
WHEN "0110111" =>DACdata<= "01011000";
WHEN "0111000" =>DACdata<= "01010000";
WHEN "0111001" =>DACdata<= "01001001";
WHEN "0111010" =>DACdata<= "01000010";
WHEN "0111011" =>DACdata<= "00111011";
WHEN "0111100" =>DACdata<= "00110100";
WHEN "0111101" =>DACdata<= "00101110";
WHEN "0111110" =>DACdata<= "00101000";
WHEN "0111111" =>DACdata<= "00100010";
WHEN "1000000" =>DACdata<= "00011101";
WHEN "1000001" =>DACdata<= "00011000";
WHEN "1000010" =>DACdata<= "00010011";
WHEN "1000011" =>DACdata<= "00001111";
```

```
        WHEN "1000100" =>DACdata<= "00001100";
        WHEN "1000101" =>DACdata<= "00001000";
        WHEN "1000110" =>DACdata<= "00000110";
        WHEN "1000111" =>DACdata<= "00000100";
        WHEN "1001000" =>DACdata<= "00000010";
        WHEN "1001001" =>DACdata<= "00000001";
        WHEN "1001010" =>DACdata<= "00000000";
        WHEN "1001011" =>DACdata<= "00000000";
        WHEN "1001100" =>DACdata<= "00000000";
        WHEN "1001101" =>DACdata<= "00000001";
        WHEN "1001110" =>DACdata<= "00000010";
        WHEN "1001111" =>DACdata<= "00000100";
        WHEN "1010000" =>DACdata<= "00000110";
        WHEN "1010001" =>DACdata<= "00001000";
        WHEN "1010010" =>DACdata<= "00001100";
        WHEN "1010011" =>DACdata<= "00001111";
        WHEN "1010100" =>DACdata<= "00010011";
        WHEN "1010101" =>DACdata<= "00011000";
        WHEN "1010110" =>DACdata<= "00011101";
        WHEN "1010111" =>DACdata<= "00100010";
        WHEN "1011000" =>DACdata<= "00101000";
        WHEN "1011001" =>DACdata<= "00101110";
        WHEN "1011010" =>DACdata<= "00110100";
        WHEN "1011011" =>DACdata<= "00111011";
        WHEN "1011100" =>DACdata<= "01000010";
        WHEN "1011101" =>DACdata<= "01001001";
        WHEN "1011110" =>DACdata<= "01010000";
        WHEN "1011111" =>DACdata<= "01011000";
        WHEN "1100000" =>DACdata<= "01011111";
        WHEN "1100001" =>DACdata<= "01100111";
        WHEN "1100010" =>DACdata<= "01101111";
        WHEN "1100011" =>DACdata<= "01110111";
        WHEN others=>null;
      END CASE;
    END PROCESS;
    END fsk_arch;
```

6.7.4　2FSK 的仿真结果

　　2FSK 信号产生器仿真波形如图 6-24 所示。图中给出了信号产生器的原始输入时钟 f10 MHz、用于决定 m 序列产生器输出序列速率的 coderate 信号、产生的 m 序列数据流

mcode 以及受 mcode 控制的输出波形 DACdata。仿真波形表明送给 DAC 的正弦信号的频率随着 m 序列内容的变化而变化，实现了 FSK 功能。

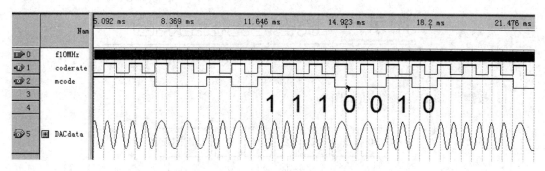

图 6-24 2FSK 信号产生器仿真波形图

6.7.5 2FSK 的硬件验证

限于所使用的 MAX Ⅱ系列 CPLD 芯片管脚有限，与本书配套的 CPLD 实训电路板将 DAC0832 的 8 位数据输入端与 1602LCM 的 8 位数据输入端复用。DAC0832 与 1602LCM 的电源管脚均设置了电源拨动开关：当使用 LCD 显示时，将 DAC0832 的电源开关关闭；当使用 DAC0832 时，将 1602LCM 的电源开关拨到关闭状态。将程序通过在系统编程下载入电路板进行硬件验证，按照以下步骤进行：

(1) 确定管脚对应关系。输出信号 DACdata 与 DAC0832 的 8 位数据输入管脚一一对应；输出信号 mcode 与 c 的发光二极管 D1 对应。

(2) 由 Quartus Ⅱ进行管脚分配。信号 f10 MHz 与 MAX Ⅱ芯片的管脚号 12 对应；DACdata7～0 与 MAX Ⅱ芯片的管脚号 68～75 一一对应；mcode 在 MAX Ⅱ芯片上对应的管脚号为 88。

(3) 将示波器探头与 DAC0832 电路的模拟输出引脚相连，电源接通后，可以在示波器上观察到符合 FSK 特点的波形。

习   题

1. 编程实现对输入脉冲进行 9.5 分频。
2. 用状态机方法实现 6.2 节交通灯的功能。
3. 编程测量输入脉冲的频率，要求将频率值用动态显示方法显示于数码管。
4. 编程实现频率计功能，要求频率值显示于 LCD。
5. 编程实现 LCD 控制，要求能在 LCD1602 上自右向左循环显示"welcome"。
6. 编程实现 2PSK 功能。2PSK 是数字通信的另一种最常用的调制方式，其原理不难理解，请读者自行参阅通信原理有关教材，或网上下载有关课件自行学习。

附录一　实验电路板结构图

1. 按键与 LED 扩展结构(附图 1)

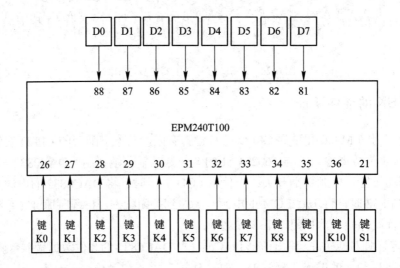

附图 1

2. 串口与扩展口扩展结构(附图 2)

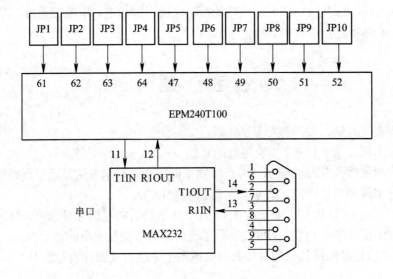

附图 2

3. LCD 扩展与 DAC 扩展结构(附图 3)

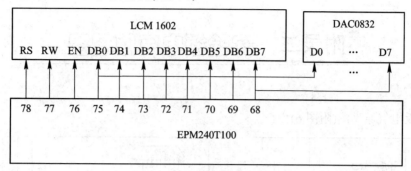

附图 3

4. 动态显示 6 位 8 段数码管扩展结构(附图 4)

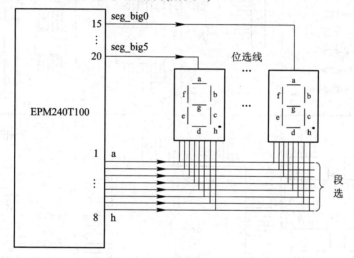

附图 4

5. 静态显示 4 位 8 段数码管扩展结构(附图 5)

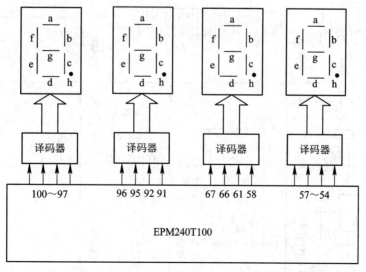

附图 5

附录二　实验板电气原理图

实验板电气原理图(附图 6)

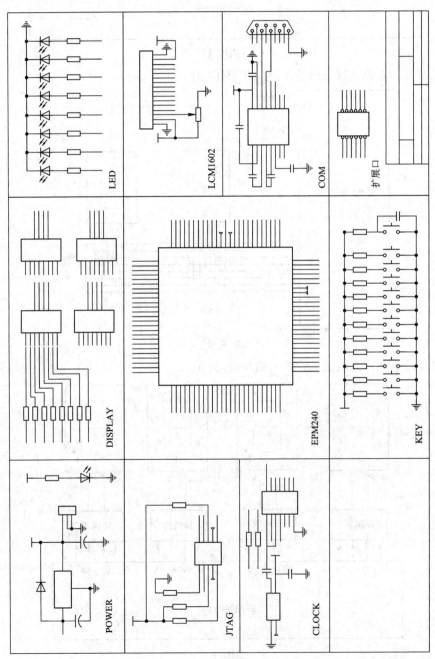

附图 6

附录三 实验板 EPM240 管脚定义表

管脚序号	定义名称	管脚序号	定义名称	管脚序号	定义名称	管脚序号	定义名称
1	A	26	K0	51	JP9	76	RN
2	B	27	K1	52	JP10	77	RW
3	C	28	K2	53	JP11	78	RS
4	D	29	K3	54	COM16	79	GND
5	E	30	K4	55	COM15	80	3.3 V
6	F	31	3.3 V	56	COM14	81	D7
7	G	32	GND	57	COM13	82	D6
8	DP	33	K5	58	COM12	83	D5
9	3.3 V	34	K6	59	3.3V	84	D4
10	GND	35	K7	60	GND	85	D3
11	GND	36	K8	61	COM11	86	D2
12	CLK0	37	K9	62	空	87	D1
13	3.3 V	38	K10	63	3.3V	88	D0
14	CLK1	39	JP1	64	空	89	RXD
15	SEG0	40	JP2	65	GND	90	TXD
16	SEG1	41	JP3	66	COM10	91	COM8
17	SEG2	42	JP4	67	COM9	92	COM7
18	SEG3	43	空	68	DB7	93	COM6
19	SEG4	44	空	69	DB6	94	COM5
20	SEG5	45	3.3 V	70	DB5	95	COM4
21	S1	46	GND	71	DB4	96	COM3
22	TMS	47	JP5	72	DB3	97	COM2
23	TDI	48	JP6	73	DB2	98	COM1
24	TCK	49	JP7	74	DB1	99	COM0
25	TDO	50	JP8	75	DB0	100	COM1

参 考 文 献

[1]　顾斌，赵明忠，姜志鹏，等. 数字电路 EDA 设计. 西安：西安电子科技大学出版社，2003.

[2]　王诚，吴继华，范丽珍，等. Altera FPGA/CPLD 设计(基础篇). 北京：人民邮电出版社，2005.

[3]　黄正瑾，等. CPLD 系统设计技术入门与应用. 北京：电子工业出版社，2003.

[4]　ALTERA Corporation . MAX Ⅱ Device Handbook. 2009.

[5]　XILINX Corporation. Virtex-5 FPGA User Guide. 2010.

[6]　Lattice Semiconductor Corporation. ispLEVER Quick Start Guide. 2009.